新型职业农民精准扶贫技术丛书

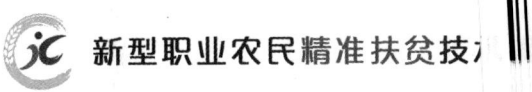

# 旱作农业生产技术

HANZUO NONGYE SHENGCHAN JISHU

主编 李城德 赵贵宾

甘肃科学技术出版社

## 图书在版编目（ＣＩＰ）数据

旱作农业生产技术 / 李城德，赵贵宾主编． -- 兰州：甘肃科学技术出版社，2016.10（2017.11重印）

ISBN 978-7-5424-2370-2

Ⅰ．①旱… Ⅱ．①李… ②赵… Ⅲ．①旱作农业 — 农业技术 Ⅳ．①S343.1

中国版本图书馆 CIP 数据核字（2016）第 245760 号

| | |
|---|---|
| **出 版 人** | 王永生 |
| **责任编辑** | 韩 波（0931-8773230） |
| **封面设计** | 魏士杰 |
| **出版发行** | 甘肃科学技术出版社（兰州市读者大道568号 0931-8773237） |
| **印 刷** | 兰州万易印务有限责任公司 |
| **开 本** | 710mm×1020mm 1/16 |
| **印 张** | 16 |
| **字 数** | 340 千 |
| **版 次** | 2016 年 10 月第 1 版 2017 年 11 月第 5 次印刷 |
| **印 数** | 20 751~23 750 |
| **书 号** | ISBN 978-7-5424-2370-2 |
| **定 价** | 26.00 元 |

# 甘肃省新型职业农民培育地方教材编委会

主　任：杨祁峰

副主任：丁连生　张保军　常武奇

委　员（按姓氏笔画排序）：

丁连生　王学忠　石旭东　李发弟　李城德

杨安民　杨祁峰　张金福　张学斌　张保军

陈佰鸿　桑国俊　常　宏　常武奇　蔺海明


本册主编：李城德（甘肃省农业技术推广总站　推广研究员）

　　　　　赵贵宾（甘肃省农业技术推广总站　推广研究员）

编写人员：周德录（甘肃省农业技术推广总站　高级农艺师）

　　　　　朱永永（甘肃省农业技术推广总站　高级农艺师）

　　　　　李亚东（甘肃省农业技术推广总站　农艺师）

# 编写说明

为大力培育新型职业农民,提升农民的创业能力和职业技能,提高培训质量和服务农民的能力,根据农业部新型职业农民培育的有关精神和农业部发布的《新型职业农民培训规范》的有关要求,在甘肃省农业广播电视学校的组织下编写了《旱作农业生产技术》这本教材。

干旱是全球性问题,全世界干旱半干旱地区总面积约4590万平方公里,占陆地总面积的35%。我国是世界上干旱半干旱地区面积较大的国家,旱地面积占全国耕地面积的52.5%。甘肃地处西北内陆,属大陆性季风气候,是全国最干旱的省份之一,全省旱地面积3600万亩,约占耕地总面积的70%,自然条件严酷,干旱多灾,农业基础薄弱,是我省农业生产的基本特征。

我省农业技术推广工作者在应对干旱这一生态问题的过程中,经过长期不懈地努力,探索总结出了以玉米全膜双垄沟播栽培技术、小麦全膜覆土穴播栽培技术、马铃薯黑色地膜全膜覆盖垄作侧播栽培技术等为代表的旱作农业重大创新技术。特别是全膜双垄沟播技术,改传统的半膜覆盖为全膜覆盖、改播种覆膜为上年秋季覆膜和早春顶凌覆膜、改传统的平覆膜为起垄覆膜、改秋翻地为秋冬季旧膜继续覆盖春播一边揭膜旋耕一边起垄覆盖,做到了秋雨春用,最大限度地减少了土壤蒸发,通过膜面集雨变无效降雨为有效降雨,使降水的利用效率由40%提高到70%以上,实现了有限自然降水资源的高效利用,变被动抗旱为主动抗旱,显著提升了科技抗旱水平,堪称旱作农业的一场革命。

甘肃旱作农业发展的成功实践,得到了党和国家领导人的肯定。2013年2月5日,习近平总书记在视察甘肃工作时指出:"近年来,你们探索出的全膜双垄沟播技术,对实现粮食增产发挥了显著作用,要因地制宜扩大推广。"在充分肯定全膜双垄沟播技术的同时,习近平总书记还就发展旱作农业和生态环境保护问题作出指示:"要注意解决薄膜残留对土壤的污染问题,使这项技术更加成熟管用。"

本书编写者多年从事旱作农业技术的推广和应用工作,积累了大量丰富工作实践和经验,并在农民科技培训中,实现了"教与学、学和用"。该书将我省总结出的旱作农业生产技术按玉米、小麦、马铃薯三大作物,分四个模块,从技术体系概述目前国内外的生产现状、基础知识、旱作栽培技术、品种选择、病虫草害防治、主要自然灾害的应对与防控、贮藏、开发利用、配套农机具介绍等27章,用深入浅出、通俗易懂的语言编写了《旱作农业生产技术》,它既可以作为培训新型职业农民的系列教材之一,也可以作为基层农业技术推广人员的工作参考书籍。相信此书的出版,将为我省的农民及基层的农业技术推广人员提供一部针对性、实用性和可操作性强的技术普及性读本,在宣传、普及目前我省主要推广的旱作农业生产技术方面起到积极的推动作用,在推动我省农业供给侧结构性改革、农业科技进步和粮食增产、农民增收、精准扶贫、精准脱贫等方面起到积极的作用。

由于我们编写水平有限,加之编写时间仓促,书中难免存在缺点和不足,恳请读者批评指正。

编 者

2016年9月

# 目　录

## 模块一：旱作农业生产技术概述

第一章　全膜双垄沟播技术体系 ……………………………004
第二章　全膜覆土穴播技术体系 ……………………………008
第三章　全膜垄作侧播栽培技术体系 ………………………013

## 模块二：玉米栽培技术

第一章　玉米生产概况 ………………………………………019
　　第一节　我国玉米生产概况 ……………………………019
　　第二节　甘肃玉米生产现状 ……………………………020
第二章　玉米种植基础知识 …………………………………022
　　第一节　生育期、生育时期 ……………………………022
　　第二节　玉米的器官 ……………………………………026
第三章　旱作区玉米生产技术介绍 …………………………032
　　第一节　全膜双垄沟播技术 ……………………………032
　　第二节　一膜两年用技术 ………………………………034
第四章　旱作区玉米生产技术规程 …………………………038
　　第一节　播前准备 ………………………………………038

第二节　适期播种 …………………………………………041

　　第三节　田间管理 …………………………………………042

第五章　旱作区玉米主推品种介绍 ……………………………045

第六章　旱作区玉米主要病虫草害及其防治 …………………048

　　第一节　病害及防治 ………………………………………048

　　第二节　虫害及防治 ………………………………………051

　　第三节　草害及防治 ………………………………………056

第七章　旱作区玉米生产配套农机具简介 ……………………063

　　第一节　起垄覆膜、施肥喷药机械 ………………………063

　　第二节　播种机械 …………………………………………065

　　第三节　收获机械 …………………………………………066

# 模块三：小麦栽培技术

第一章　小麦生产概况 …………………………………………071

第二章　小麦的生育时期划分 …………………………………074

　　第一节　生育期和生育时期的概念 ………………………074

　　第二节　小麦生育时期 ……………………………………075

　　第三节　小麦的阶段发育 …………………………………080

第三章　小麦生产与土、肥、水的关系 ………………………084

　　第一节　小麦生产与土的关系 ……………………………084

　　第二节　小麦生产与肥的关系 ……………………………089

　　第三节　小麦生产与水的关系 ……………………………095

第四章　旱作区小麦栽培技术 …………………………………098

　　第一节　小麦全膜覆土穴播栽培技术 ……………………098

　　第二节　小麦宽幅匀播栽培技术 …………………………107

# 目 录

  第三节 小麦黑色全膜微垄穴播栽培技术 ……………………………111

  第四节 小麦膜侧栽培技术 ……………………………………………114

  第五节 小麦全膜双垄沟播一膜两年用栽培技术 …………………116

第五章 旱作区小麦品种介绍 …………………………………………………122

  第一节 品种选择的原则 ……………………………………………122

  第二节 旱作区小麦品种布局 ……………………………………123

  第三节 旱作区小麦主要品种简介 ………………………………125

第六章 旱作区小麦主要病虫草害及其防治 …………………………………128

  第一节 病害及防治 …………………………………………………128

  第二节 虫害及防治 …………………………………………………137

  第三节 草害及防治 …………………………………………………148

第七章 小麦主要自然灾害与防控 …………………………………………152

  第一节 干热风 ……………………………………………………152

  第二节 冻害 ………………………………………………………155

  第三节 倒伏 ………………………………………………………158

  第四节 干旱 ………………………………………………………160

第八章 旱作区小麦生产配套农机具简介 …………………………………166

## 模块四：马铃薯栽培技术

第一章 马铃薯生产概况 …………………………………………………173

  第一节 我国马铃薯发展概况 ……………………………………173

  第二节 甘肃马铃薯发展概况 ……………………………………173

第二章 马铃薯栽培的生物学基础 …………………………………………175

  第一节 马铃薯的形态特征 ……………………………………175

  第二节 马铃薯的生长发育 ……………………………………179

  第三节 马铃薯块茎的休眠 …………………………………………181

  第四节 马铃薯生长发育与环境条件的关系 …………………………182

第三章 马铃薯的产量形成与品质 ……………………………………………187

  第一节 马铃薯的产量形成 ………………………………………………187

  第二节 马铃薯的品质 ……………………………………………………189

第四章 旱作区马铃薯品种介绍 ………………………………………………191

  第一节 品种的选择原则 …………………………………………………191

  第二节 品种介绍 …………………………………………………………192

第五章 旱作区马铃薯栽培技术 ………………………………………………193

  第一节 旱作区马铃薯黑色地膜全覆盖垄作侧播栽培技术 …………193

  第二节 马铃薯黑色地膜覆盖垄上微沟集雨增墒栽培技术 …………199

第六章 旱作区马铃薯主要病虫草害及其防治 ……………………………205

  第一节 病害及防治 ………………………………………………………205

  第二节 虫害及防治 ………………………………………………………216

  第三节 草害及防治 ………………………………………………………220

第七章 马铃薯贮藏 …………………………………………………………………226

  第一节 薯块贮藏期间的生理变化及贮藏的条件 …………………226

  第二节 薯块贮藏方式及贮藏期间的化学处理方法 …………………231

第八章 马铃薯粗加工技术 ……………………………………………………234

第九章 旱作区马铃薯生产配套农机具简介 ………………………………241

主要参考文献 ……………………………………………………………………244

# 模 块 一

## 旱作农业生产技术概述

## 模块一：旱作农业生产技术概述

甘肃地处黄河上游，西北内陆，属大陆性温带干旱半干旱季风气候，是全国典型的旱作农业区，旱地面积占全省耕地面积的70%。由于自然生态环境和区域气候影响，旱作区降雨稀少且时空分布极不均匀，因此，长期以来水分是旱作农业发展最大的制约因素。甘肃农技人员在与干旱长期不懈的抗争中，探索总结出的以全膜双垄沟播技术为代表的旱作农业技术，改变了有限降雨的时空分布规律，破解了水分对旱作农业的瓶颈制约，开创了主动抗旱和科技抗旱的新局面，走出了一条依靠科技发展旱作农业的成功之路，可以说在旱作区引发了一场新的革命。这项技术使甘肃旱作农业走在了全国前列，彻底解决了甘肃粮食自给问题，显著增加了农民收入。

"十二五"期间，省委、省政府高度重视旱作农业，2014-2015年连续两年推广全膜双垄沟播面积达到1500万亩以上。2011-2015年，全膜双垄沟播技术累计总产粮食3837万吨，总增产705万吨。用30.6%的土地面积贡献了68%的粮食总产量，为甘肃粮食总产量跨上1000万吨、1100万吨和1150万吨台阶提供了主要支撑（全省粮食总产2011年达到1014.6万吨，2012年达到1109.7万吨，2014年达到1172.4万吨）。其中，2015年推广全膜双垄沟播技术1527万亩，生产粮食803万吨，占全省粮食总产1171.1万吨的69%，全省粮食实现"十二连丰"，总产连续五年稳定在100亿千克以上。全膜双垄沟播技术已成为甘肃抗旱增产、防灾减灾和保障粮食生产稳定发展的"法宝"。为我国北方旱作农业区发展粮食产业树立了样板，被农业部确定为"国家级旱作农业示范区"。

甘肃旱作农业发展的成功实践，得到了党和国家领导人的肯定。2013年2月5日，习近平总书记在视察甘肃工作时指出："近年来，你们探索出的全膜双垄沟播技术，对实现粮食增产发挥了显著作用，要因地制宜扩大推广。"

# 第一章　全膜双垄沟播技术体系

## 一、全膜双垄沟播技术的定义

全膜双垄沟播技术就是在田间起大小双垄，用地膜全覆盖，在沟内播种作物的种植技术，该技术简单实用，可操作性强，农民容易接受。

## 二、全膜双垄沟播技术的主要内涵

一是地膜全覆盖：其核心技术是改露地、半膜覆盖为全地面覆盖地膜，阻断了土壤水分与大气间的蒸发，最大程度地保蓄了地下水分。

二是秋季覆膜：其核心技术是改春覆膜为秋季覆膜、实现秋雨春用，非常适用于250~500mm的半干旱偏旱、半干旱旱作农业区。

三是顶凌覆膜：其核心技术是改常规播期覆膜为早春顶凌覆膜，适用于300~600mm的旱作农业区。

四是种植方式由平铺播种变为起垄沟播。

## 三、全膜双垄沟播核心技术体系的创新点

第一，全膜双垄沟播技术极其显著地提高了作物产量、降水利用率和水分利用效率。使地膜的抑制蒸发、雨水集流、贫水富集等作用得到了最大限度地利用，农田降水利用率最高达到75.2%，平均达到70%；玉米水分利用效率最高达到2.52kg/mm·亩，平均达到2.20kg/mm·亩，在旱作农田降水高效利用方面取得了重大突破。

第二，秋季（或顶凌）全膜覆盖从根本上解决了旱地土壤水分无效蒸发和春旱无法播种等问题。秋季（或春季顶凌）全膜覆盖最大限度地抑制了秋冬春三季土壤水分的无效蒸发，同时也抑制了玉米生长期棵间蒸发，最大程度地保蓄了自然降水，使季节分布不均的降水得到了均衡利用，实现了秋雨春用，满

足了早春干旱条件下作物对水分的需求。秋季全覆膜1m土壤贮水量比播前半膜平铺增加50.2mm,顶凌全覆膜1m土壤贮水量比播前半膜平铺增加31.7mm。

第三,起垄全覆膜和沟播实现了田间雨水的富集叠加利用,使有限的水资源得到了充分的利用。常规半膜平铺技术对雨水的集蓄效果差,雨水利用率低,而起垄全覆膜和沟播技术,使整个田间形成沟垄相间的集流场,使作物种植区和非种植区的降雨都汇流到播种沟,聚集到作物根部,成倍增加了作物根区的实际降雨量,实现了雨水的富集叠加利用。特别是对春季10mm以下微小降雨的富集利用,有效解决了北方旱作区因春旱严重影响播种和苗期缺水的问题。

第四,全膜双垄沟播强化了地膜的增温、增光功能,促进了早熟,扩大了玉米等高产作物的种植区域。较传统半膜平铺穴播技术,使耕层土壤温度增加4℃~6℃,使土壤有效积温增加300℃~670℃,可使玉米提早成熟10~15天,并使玉米的适种海拔提高100~200m。使玉米的种植区域由原来年降雨量400mm以上扩大到250mm以上、海拔2200m以下扩大到2400m左右。

**四、全膜双垄沟播免耕地膜重复利用技术**

该技术的核心是全膜双垄沟播一次覆膜连续种植两茬或多茬作物,适

图1-1 全膜双垄沟播玉米机械起垄覆膜

图1-2 人工起垄覆膜

图1-3 精工细作,提高覆膜质量

图1-4 全膜双垄沟播玉米苗期田间长势

用于年降水 250~600mm 的旱作区。轮作模式有玉米→玉米,玉米→马铃薯,玉米→小麦,玉米→蔬菜等。采用该技术亩可减少地膜和劳动投入150元左右,产量与当年覆膜相当。

## 五、全膜双垄沟播技术体系发展前景

全膜双垄沟播技术是旱作农业上的一项具有突破性的创新技术,适合在甘肃年降水 250~500mm 左右的半干旱和半湿润偏旱地区推广,在这些地区按传统栽培方式种植的小麦、玉米、马铃薯等作物产量低而不稳,大旱之年几乎绝收,但种植的全膜双垄沟播玉米,平均亩产都在400kg左右,高的可以达到800kg以上,亩纯收入是小麦的3倍以上。

甘肃旱作区现有耕地3500多万亩,适宜全膜双垄沟播技术的旱作农业面积可达2000万亩,这些耕地全部采用全膜双垄沟播技术,按亩增产145kg计算,年可增产粮食290万吨。我国北方甘肃、陕西、宁夏、青海、新疆、山西、内蒙、河南、河北、辽宁等10个省区现有旱地面积2.7亿亩,适宜全膜双垄沟播技术的旱作农业面积按1.5亿亩、亩增产按145kg计算,年可增产粮食2175万吨。甘肃围绕全膜双垄沟播技术,种植作物已从玉米、马铃薯等粮食作物拓展到胡麻、油菜、蔬菜、中药材等经济作物,在这些地区立足于推广这项技术,将对旱作农业的

图1-5 积极推广秋覆膜,有效保墒增墒

图1-6 积极推广顶凌覆膜覆膜,有效保墒增墒

图1-7 全膜双垄沟播玉米较半膜玉米长势明显

图1-8 丰收在望的全膜双垄沟播玉米

## 模块一：旱作农业生产技术概述

图1-9　喜获丰收的全膜双垄沟播玉米　　图1-10　堆满农家院落的金灿灿的玉米

发展产生很大的推动作用，在很大程度上可以解决年年花钱抗旱、年年效果不明显的问题，不仅可以解决干旱地区农民的口粮问题，而且为农民增收开辟新的渠道，为发展畜牧业提供大量饲草饲料，显著提高旱作区的综合生产能力，对保障粮食安全、实现区域经济快速发展、推动旱作区农村社会稳定具有重要作用。

# 第二章 全膜覆土穴播技术体系

### 一、全膜覆土穴播技术来源

针对甘肃旱作区小麦生育期降水少、蒸发量大、十年九旱的气候特点,以及小麦生长需水关键期与自然降水错位等制约旱作区小麦生产中存在的突出问题,甘肃省农业技术推广总站和甘谷县农业技术推广站等单位,在总结了地膜覆盖小麦播种穴与幼苗错位、出苗率低、人工放苗劳动强度大、一次覆膜只种植一茬作物导致生产成本高、经济效益低等问题的基础上,利用全膜覆盖的理念,于本世纪初,首先在甘谷县大石乡探索和研究了小麦全地面覆盖地膜+膜上覆土+穴播+留膜免耕多茬种植等技术,研究获得成功,并创新提出"全膜覆土穴播技术"。2001年开始在该县部分山区进一步试验验证该技术的增产效果和降本增效作用,到2006年示范面积达到2.0万亩以上。结果表明,小麦全膜覆土穴播技术能有效解决旱地小麦等密植作物生长期缺水和产量低而不稳的问题,彻底解决传统地膜小麦播种穴与幼苗错位、出苗率低、人工放苗劳动强度大的问题,集雨保墒效果明显,增产显著。

### 二、全膜覆土穴播栽培技术要点

全膜覆土穴播技术是全地面覆盖地膜+膜上覆土+穴播+免耕多茬种植,改传统露地小麦栽培和常规地膜穴播小麦为全地面地膜覆盖加膜上覆土,改传统地膜穴播小麦一年种植一茬为一次覆膜覆土连续种植3~4茬(年),改传统小麦的大播量散播和条播为精量穴播,改人畜播种为小麦配套机械穴播机播种,集成膜面播种穴集雨、覆盖抑蒸、雨水富集叠加利用等技术为一体,不仅能最大限度的保蓄降雨,减少土壤水分的无效蒸发,而且能利用播种穴进行集流,充分接纳小麦生长期间的降雨。其主要技术参数为:在田间利用地膜全地面覆盖后,再在地膜上覆一层1.0cm左右的薄土,然后用穴播机在地膜上穴播小

模块一：旱作农业生产技术概述

麦等作物，并一次覆膜可免耕多茬种植。适合在年降水量300~600mm的半干旱、半湿润偏(易)旱区推广应用，适宜的主要作物为小麦、胡麻、大豆、油菜、青稞、莜麦和蔬菜等密植作物。其技术优点概括为"三减少、五提高"。"三减少"：减少物化劳动投入(精量播种可明显减少用种量，免耕多茬种植一次覆膜可以连续种植3~4年(茬)，每亩较露地小麦每年可减少生产成本100元以上)；减少活化劳动投入(免耕多茬种植可明显减少人工、畜力、机械投入，折合人工计算，较露地小麦亩可减少用工3个左右)；减轻环境污染程度(地表免受风吹日晒雨淋，减少地膜投入量)。"五提高"：提高劳动生产率，提高地膜利用率，提高降水利用效率，提高耕地质量，提高经济效益。

**三、全膜覆土穴播技术的主要配套技术**

1.留膜免耕多茬种植技术

膜上覆土能够有效保护地膜，防止地膜老化分解，延长地膜使用寿命，一次覆膜可连续种植2~3年(茬)，每亩节约生产成本100元以上，实现了节本增效。留膜免耕多茬种植是全膜覆土穴播技术的主要配套技术环节，主要有留膜免耕两茬种植、留膜免耕三茬种植和留膜免耕四茬种植等技术模式。适宜的主要作物有：小麦、胡麻、谷子、大豆、油菜、青稞等作物。其

图1-11 全膜覆土穴播穴播小麦待种田

图1-12 小麦全膜覆土穴播已播田块

图1-13 小麦全膜覆土穴播出苗情况

图1-14 机械覆膜覆土

主要模式有：

（1）留膜免耕两茬种植模式：小麦—小麦，小麦—油菜，小麦—大豆，小麦—胡麻、小麦—糜子（小杂粮）等。

（2）留膜免耕三茬种植模式：小麦—小麦—油菜，小麦—油菜—大豆，小麦—大豆—油菜，小麦—小麦—胡麻，小麦—油菜—胡麻，小麦—大豆—胡麻，小麦—大豆—马铃薯等。

（3）留膜免耕四茬种植模式：小麦—小麦—油菜—大豆，小麦—油菜—大豆—胡麻，小麦—大豆—小麦—油菜，小麦—大豆—小麦—胡麻等。

## 四、全膜覆土穴播技术的主要创新点

第一，有效防止地表蒸发，实现膜面雨水集流和富集叠加利用，显著提高土壤抗旱保墒效果。该技术改常规覆膜穴播为全膜覆土穴播，用地膜全田覆盖，地膜覆盖率达到100%，不仅提高了覆膜工效，更重要的是最大限度减少地表蒸发，膜面穴播能够实现雨水集流和叠加利用，使雨水通过播种穴到达作物根部，提高根际土壤含水量，为小麦生长发育创造了良好的土壤水分环境。农田降水利用率最高达到74.1%，平均达到71.0%，较对照露地条播提高6.0个百分点；小麦水分利用效率最高达到1.31kg/mm·亩，平均达到1.22kg/mm·亩，较对照露地条播提高0.47kg/mm·亩，增长62.7%。在旱作小麦农田降水高效利用方面取

图1-15　全膜覆土穴播人工覆膜覆土

图1-16　全膜覆土穴播小麦苗期田间长势

图1-17　穴播小麦长势

图1-18　全膜覆土穴播小麦田间收获

得了明显研究进展。

第二,明显提高小麦生长期土壤温度,促进小麦生长发育和早熟。小麦耕层土壤温度较露地条播提高2℃~4℃,平均提高3.0℃以上;小麦分蘖数、叶面积、次生根数明显多于露地条播;使冬小麦早返青5~10天,播期推迟10~15天,生育期提前5~7天。

第三,促进小麦对土壤养分的吸收,显著提高小麦氮磷钾肥料利用率。多点研究表明,全膜覆土穴播小麦氮、磷、钾肥料最佳施用量和最高施用量均比当地露地小麦增加,全膜覆土穴播小麦氮肥利用率最高为46.4%,平均为44.2%,较露地条播增加12.5个百分点,增长39.2%;小麦磷肥利用率最高为21.2%,平均为19.9%,较露地条播增加5.9个百分点,增长42.4%;小麦钾肥利用率最高为34.0%,平均为30.6%,较露地条播增加5.4个百分点,增长21.3%。这是由于全膜覆土穴播小麦土壤水分含量高、增温效果好,使得小麦地上部植株生长旺盛、地下部根系发达,对土壤养分吸收量增加、肥料利用率显著提高。

第四,膜上覆土有效解决了出苗过程中播种穴与幼苗错位的问题,避免了人工放苗,有效减轻了劳动强度。由原来的覆膜后直接播种,改为覆膜后在膜面覆土后再播种,使地膜与地面紧贴。首先解决了播种孔与小麦幼苗错位,膜压苗,农民花费大量人工掏苗、放苗的难题,大大减轻了农民劳动强度和劳动力投入;其次是解决了播种孔钻风揭膜失墒严重,影响出苗、造成缺苗、基本苗达不到要求,小麦密植作物群体不够,影响产量的难题。

第五,膜上覆土能够有效抑制杂草生长,预防田间草害。甘肃中东部旱作区,田间草害十分严重,农民常常需要花费大量时间进行田间锄草。膜上覆土后,使膜下得不到光照,从而能够有效防止杂草生长,既保护了作物生长,又减轻了农民群众的劳动投入。

第六,机械覆膜覆土及施肥播种,有效解决了小麦全膜覆土穴播技术中的机械化作业问题,提高了田间作业效率和作业质量。机械覆膜覆土机、覆膜覆土播种一体机、覆膜覆土施肥播种一体机有效解决了全膜覆土穴播技术的机械化作业问题,极大地减轻了劳动强度,提高了覆膜覆土和播种质量,加快了覆膜覆土进度,充分调动农民群众的种植积极性。

第七,膜上覆土能够有效减轻地膜对环境的污染。膜上覆土对地膜起到了明显的保护作用,通过留膜免耕栽培地膜连续使用2~3年(茬),延长了地膜的使用寿命,相对一次覆膜使用一年减轻了地膜对环境造成的污染。

### 五、推广应用前景

全膜覆土穴播技术是甘肃继全膜双垄沟播技术之后又一旱作农业重大创新技术，该技术有效解决了旱地小麦等密植作物生长期缺水的问题，彻底解决了传统地膜小麦播种穴与幼苗错位、出苗率低、人工放苗劳动强度大的问题。在甘肃旱作区，大力推广小麦全膜覆土穴播技术，可大幅度提高旱地小麦产量。旱地小麦实现稳产高产后，同时可压缩一些低产易旱区小麦面积，为结构调整提供更加有利的空间。

甘肃推广小麦全膜覆土穴播技术，一能提高小麦种植效益。由于甘肃旱作区小麦产量低，加之劳动力成本上升，种植效益低，甚至亏损。而种植全膜覆土穴播小麦，亩增加投入50元左右，一般亩产在350kg以上，亩增产小麦100kg以上，高的亩产达到500kg以上，可实现旱地小麦产量翻番，显著提升旱地小麦种植效益。二能逐步缓解全省小麦市场缺口，实现小麦口粮省内自给。目前，全省小麦缺口150万吨左右，在全省推广500万亩全膜覆土穴播小麦，可增产小麦50万吨。三能显著增强甘肃粮食生产的抗灾稳产性。大力推广全膜覆土穴播技术，可显著防控甘肃自然降水年度间和月际间变率大的问题，提高旱地小麦稳产性，对缓解全省小麦供需矛盾，确保全省口粮安全，增加农民收入都具有重大的现实意义。四能全面提升全省旱作农业水平。全膜双垄沟播技术（全膜垄作侧播技术）解决的是玉米（马铃薯）等稀植作物的抗旱、增产问题，全膜覆土穴播技术解决的是小麦（胡麻、油菜、大豆）等密植作物的抗旱、增产问题，两者的有机结合，丰富和完善了甘肃旱作农业技术体系。

# 第三章 全膜垄作侧播栽培技术体系

马铃薯是甘肃三大粮食作物之一,在全省农业和农村经济中占有重要地位,曾在解决粮食短缺方面做出了巨大贡献。改革开放以来,随着农产品供求形势的变化和市场经济的发展,马铃薯已由单纯的增加口粮、解决温饱的粮食作物转变为重要的粮、菜、加工等多种用途的兼用作物,由于其产量高、耐瘠薄、抗干旱、适应性强、避灾减灾、比较效益高等特点,已成为甘肃最具发展前景的高产作物之一,尤其是随着市场经济的发展和农村产业结构调整的不断深化,马铃薯也由抗旱救灾作物发展成为支持农村经济发展,促进农民增收致富的经济作物,种植面积逐年扩大。

自2000年以来,甘肃马铃薯主产区自然降雨量逐年减少,干旱范围逐渐扩大、大旱出现频率上升,特别是春旱和初夏旱出现的频率较高,导致春季马铃薯播种难、出苗难,使马铃薯种植总面积、鲜薯总产持续波动,给马铃薯种植户、收购企业、加工企业的持续稳定发展带来了诸多困难,严重影响了我省马铃薯在全国市场的竞争力。

针对以上问题,甘肃农技推广人员结合当地马铃薯产业发展的实际,以研发新的栽培技术为切入点,以现代物资条件装备为手段,以破解马铃薯产业发展"瓶颈"为目的,以全膜双垄沟播技术为基础,创新研究提出了马铃薯全膜垄作侧播栽培技术体系。

## 一、全膜垄作侧播栽培技术体系的定义

1. 全膜垄作侧播栽培技术

马铃薯全膜垄作侧播栽培技术是起垄后用地膜全覆盖,在田间形成一个较大的集雨面,使垄面上的降水向垄沟内聚集叠加,可以变小雨为大雨、变无效降雨为有效降雨,在垄侧播种马铃薯的一项栽培技术。

## 2.旱地黑色地膜马铃薯垄上微沟栽培技术

旱地黑色地膜马铃薯垄上微沟栽培技术是在马铃薯垄作侧播栽培技术上改进而成的，主要呈现在垄脊中间开有一条10cm深、45cm宽的大沟，同时发挥集雨、排水、操作行的三重作用，垄断面呈现出"M"型，用黑色地膜全覆盖，在"M"垄两个小垄的垄脊种植两行马铃薯。

图1-19 马铃薯黑色地膜覆膜垄上微沟栽培技术

## 二、全膜垄作侧播栽培技术体系的栽培技术要点

1.马铃薯全膜垄作侧播栽培技术的要点：可选宽幅120cm、厚度0.01mm的地膜。一般垄中距应为120cm，垄底宽80cm，垄沟宽40cm，垄高25cm，垄土力求散碎，忌泥条、大块。推荐配方施肥方为每亩施农家肥1000~3000kg、过磷酸钙50kg、磷二铵10~15kg、硫酸钾30~40kg、尿素15~20kg、硫酸锰1kg、硫酸锌1kg。提倡秋季覆膜和早春顶凌覆膜，适宜于无灌溉条件的旱作区，播种在大垄的垄侧。

图1-20 安定区南川马铃薯示范点

2.旱地黑色地膜马铃薯垄上微沟栽培技术的要点：该技术总幅宽120cm，垄宽75cm，高15cm，垄沟宽45cm，垄脊中间开10cm的浅沟集雨，使垄面呈"M"型，垄上覆盖除草黑色地膜，地膜厚度一般为0.01mm，垄上播种2行马铃薯，播深15cm。

图1-21 灌溉区马铃薯起垄覆膜

3.全膜垄作侧播栽培技术体系的主推品种及其搭配品种。高寒阴湿区

图1-22 马铃薯黑色全膜垄作侧播现场培训

## 模块二：玉米栽培技术

及二阴区以庄薯3号、陇薯6号、陇薯7号、青薯9号、天薯11为主；干旱半干旱区以庄薯3号、陇薯5号、陇薯6号、中薯5号、中薯8号、新大坪、青薯9号、青薯168、冀张薯8号为主；陇南温润及早熟栽培区以天薯10号、天薯11号、LK99、费乌瑞它、克新1号、克新2号为主；河西灌区以克新1号、大西洋、陇薯7号、夏波蒂为主。

4.全膜垄作侧播栽培技术体系地膜应该选择耐用性地膜，由于在黑色地膜生产中加入了耐候剂，延长了地膜的使用寿命，使普通地膜的使用年限从正常的6~8个月延长到18个月，超出普通地膜使用寿命的国家标准。

### 三、全膜垄作侧播栽培技术体系的创新点

图1-23 马铃薯黑色全膜垄作侧播

图1-24 马铃薯机械收获1

图1-25 马铃薯机械收获2

第一，通过在垄上全地面覆盖地膜，集覆盖抑蒸、垄面集流、垄侧（垄上）种植技术于一体，能充分接纳马铃薯生长期间的全部降水，最大限度的保蓄马铃薯全生育期的全部降水，减少土壤水分的无效蒸发，保证马铃薯全生育期的水分供应；特别是能将春季10mm以下的无效降雨通过膜面汇集到垄沟内直接入渗到土壤中，提高春播时土壤墒情，保证了马铃薯正常出苗，马铃薯水分利用效率高达8.57 kg/mm·亩，平均达到7.30kg/mm·亩。

第二，首次将黑色地膜应用于马铃薯栽培技术中。采用黑色地膜对农田全部覆盖种植马铃薯，有效抑制了土壤中杂草的滋生，减少了土壤养分的无效消耗，为马铃薯生长创造了充足的"蓄水库"、"肥料库"；用黑色地膜覆盖在高温季节(7月7日-8月10日)，由于黑色地膜透光性差，日光中的短波辐射透过地膜的较少，能够抑制地温迅速升高，为马铃薯块茎生长创造了比较适宜的土

壤温度条件,促进块茎快速膨大,减少了"青头薯"、"畸形薯"的生产;在秋后马铃薯生长后期能提高温度,增加有效积温,延长马铃薯生育期,有利于中晚熟品种发挥生产潜力,增产效果明显。

第三,探索出了一套"行政推动+资金扶持+科技入户"的推广创新机制。针对农村实行生产责任制后,小农户分散作业下技术推广难度大的现状,采取行政、技术双轨责任制和分级管理的办法,加强组织领导,加大行政推动力度,确保了组织管理到位;针对旱作区近年来连续遭遇严重旱灾和旱作区农村经济基础差、农民增加投入困难大的实际,多方筹措资金,加大扶持和投入力度,确保了核心技术示范推广到位;为了强化技术指导,采取技术人员进村入户,蹲点包村包户,使技术直接进入农户,确保了技术普及到位。经过多年的旱作农业技术推广实践,成功探索出了一套"行政推动+资金扶持+科技入户"的旱作农业技术推广创新机制,不仅为甘肃省旱作农业,而且为我国旱作农业技术的推广提供了一套成功的机制保障。

### 四、推广应用前景

马铃薯全膜垄作侧播栽培技术是全膜双垄沟播技术在马铃薯种植上的延伸,也是旱作农业的核心技术之一。马铃薯全膜垄作侧播栽培技术体系实现了甘肃旱作区变被动抗旱为主动抗旱,提高了旱作区的综合生产能力,为马铃薯生长发育创造了一个相对稳定的农田生态环境。综合协调了影响产量的各主要因子,使马铃薯具有良好的生长环境,提高了产量,让旱作区农民脱贫致富看到了希望。通过马铃薯全膜垄作侧播高产栽培技术体系,可有效增加马铃薯生长前期的土壤水分含量,较好地解决自然降水与作物生长不同步的矛盾,使马铃薯单产水平进一步的提高,对于确保甘肃粮食安全具有重要的意义。

# 模 块 二

# 玉米栽培技术

模块二：玉米栽培技术

# 第一章　玉米生产概况

• 学习任务及指导 •

1. 了解我国玉米种植带。
2. 掌握甘肃省玉米的面积和产量。

## 第一节　我国玉米生产概况

玉米是世界上分布最广的作物之一，从北纬58°到南纬35°~40°的地区均有大量栽培。主要集中在北半球温带地区，以北美洲种植面积最大，亚洲、非洲和拉丁美洲次之，世界最适宜玉米种植的有三个地带：第一个是美国的玉米带，包括12个州（伊利诺斯州、伊阿华、内布拉斯加等），第二个是中国玉米带，包括东北、华北和西南山区；第三个是欧洲玉米带，包括多瑙河流域的法国、罗马尼亚、南斯拉夫、德国和意大利等国家。

玉米在我国分布很广，南自北纬18°的海南岛，北至北纬53°的黑龙江省的黑河以北，东起台湾和沿海省份，西到新疆及青藏高原，都有一定面积。玉米在我国各地区的分布并不均衡，主要集中在东北、华北和西南地区，大致形成一个从东北到西南的斜长形玉米栽培带。

按照种植带又分为以下6个玉米种植带：

1. 北方春播玉米区

包括黑龙江、吉林、辽宁、宁夏和内蒙古的全部，山西的大部，河北、陕西和甘肃的一部分，种植面积占全国36%左右。

2. 黄淮海平原夏播玉米区

位于北方春玉米区以南，淮河、秦岭以北，包括山东、河南全部，河北的中南部,山西中南部,陕西中部,江苏和安徽北部,是全国玉米最大的集中产区,占全国玉米种植面积的30%以上。

3.西南山地玉米区

包括四川、贵州、广西和云南全省,湖北和湖南西部,陕西南部以及甘肃的一小部分,面积约占全国的22%。

4.南方丘陵玉米区

包括广东、海南、福建、浙江、江西、台湾等省全部,江苏、安徽的南部,广西、湖南、湖北的东部,玉米面积较小,占全国面积的5%左右。

5.西北灌溉玉米区

包括新疆的全部和甘肃的河西走廊以及宁夏河套灌溉区,占全国玉米种植面积的2%~3%。

6.青藏高原玉米区。

# 第二节 甘肃玉米生产现状

玉米已成为甘肃第一大粮食作物,全省14个市(州)、80个县区均有种植。近几年随着全膜双垄沟播技术的大力推广,全省玉米种植面积逐年扩大,产量不断提高,对保障全省粮食安全,增加农民收入发挥了十分重要的作用。目前甘肃省已成为全国15个千万亩以上玉米生产大省,种植面积居全国第12位,总产量居全国第13位,单产居全国第14位。2015年种植面积达到1513万亩,总产达到565.6万吨,分别占全省粮食的37%和50%,在全省粮食生产中具有重要地位。

在区域布局方面,目前已形成:

1.河东旱地粮饲兼用玉米生产区

这是甘肃玉米生产的主产区,面积和产量均占到全省的80%左右。主要包括兰州、白银、临夏、定西、天水、陇南、平凉、庆阳8个市州。目前种植面积1000万亩左右,产量约340万吨。这一区域的特点是:面积大干旱重、全膜覆盖、自然降水利用率高。

2.河西走廊杂交玉米制种生产区

这是全国最大的杂交玉米种子生产基地。主要包括河西走廊绿洲灌区核心区域的酒泉、张掖、金昌、武威4市的凉州区、古浪县、甘州区、临泽县、高台县、永昌县、肃州区等县区,常年杂交玉米种子生产面积150万亩左右,年产优质种子60万吨左右,约占全国大田玉米生产用种量的60%,是全国最大的优质杂交玉米种子生产基地。这一区域的特点是:光热资源富集、灌溉隔离等基础条件好、产量高质量优。

3.河西走廊及沿黄灌区高产玉米生产区

主要包括河西走廊绿洲灌区边缘制种玉米与小麦生产的过渡地区的凉州区、古浪县、民勤县、永昌县、金川区、玉门市、金塔县、肃州区、省农垦农场和沿黄灌区的临洮县、榆中县、景泰县、靖远县、临夏县等县区,常年种植半膜覆盖玉米面积150万亩左右,产量约100万吨。这一区域的特点是:半膜覆盖、灌水有保障、产量高。

4.城市郊区鲜食玉米生产区

主要包括兰州、天水、白银等城市近郊县区及省农垦黄羊河农场。常年种植面积约8万亩,产量约5万吨。这一区域的特点是:基础条件好、面积小品种杂、产值高效益好。

★复习思考题★

1.我国玉米的分布有何特点?

2.甘肃玉米的主要生产区是哪几个?

# 第二章 玉米种植基础知识

•学习任务及指导•
1. 玉米生育期的概念。
2. 生育时期的概念。
3. 玉米各个器官的形态特征。

## 第一节 生育期、生育时期

从播种到新的种子成熟叫做玉米的一生。它经过若干个生育阶段和生育时期才能完成其生命周期。玉米从出苗至成熟的天数称为生育期。生育期长短与品种、播种期和温度等有关。

### 一、各生育时期及鉴别标准

在玉米一生中由于自身量变和质变的结果及环境变化的影响,不论外部形态特征还是内部生理特性均发生不同的阶段性变化,这些阶段性变化称为生育时期,各生育时期及鉴别标准如下。

1. 出苗期

播种后第一真叶展开的日期。

2. 拔节期

植株基部开始伸长,节间长度达1cm的日期。此时叶龄指数30左右。茎解剖观察雄穗生长锥开始伸长。

3. 小喇叭口期

雌穗进入伸长期,雄穗进入小花分化期,叶龄指数46左右。

### 4.大喇叭口期

植株可见叶与展开叶之间的差数达5并且上部叶片呈现大喇叭口形的日期。此时叶龄指数60左右,解剖观察雌穗进入小花分化期、雄穗进入四分体期。

### 5.抽雄期

植株雄穗尖露出顶叶3~5cm的日期。

### 6.开花期

植株雄穗开始散粉。

### 7.吐丝期

植株雌穗的花丝露出苞叶的日期。

### 8.籽粒建成期

植株果穗中部子粒体积基本建成,胚乳呈清浆状。

### 9.乳熟期

植株果穗中部籽粒干重迅速增加并基本建成,胚乳呈乳状后至糊状。

### 10.蜡熟期

植株果穗中部籽粒干重接近最大值,胚乳呈蜡状用指甲可以划破。

### 11.完熟期

植株子粒干硬,籽粒基部出现黑色层,乳线消失并呈现出品种固有的颜色和光泽。

### 12.收获期

记载具体的收获日期。一般大田或试验田以全田60%以上植株进入该生育时期为标志。

## 二、各生育时期的详细描述

下面是各个生育时期的详细描述。

1.VE胚芽鞘露出地面。(图2-1)

2.V1第一叶完全展开,即玉米的出苗期。

3.V3第三叶完全展开,此时玉米的生长点仍在地下。(图2-2、2-3)

4.V6第六叶完全展开,即玉米的拔节期。(图2-4、2-5)

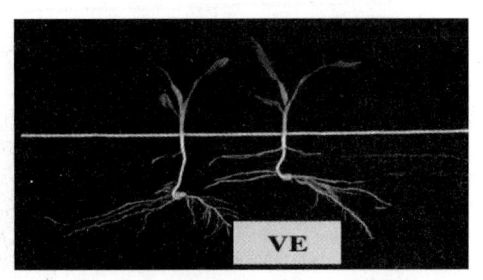

图2-1 玉米胚芽鞘露出地面图

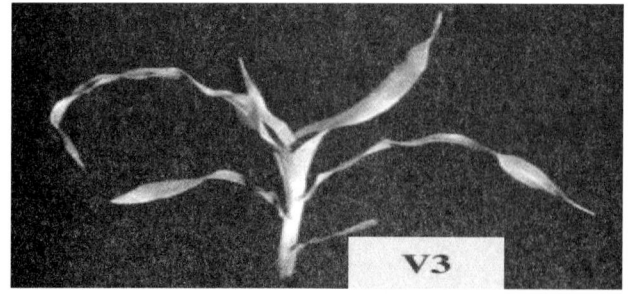

图2-2 玉米三叶期　　　　　　　图2-3 玉米三叶期

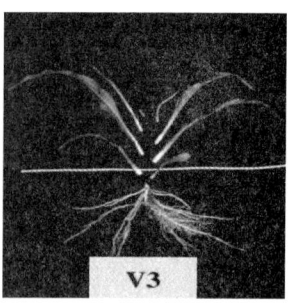

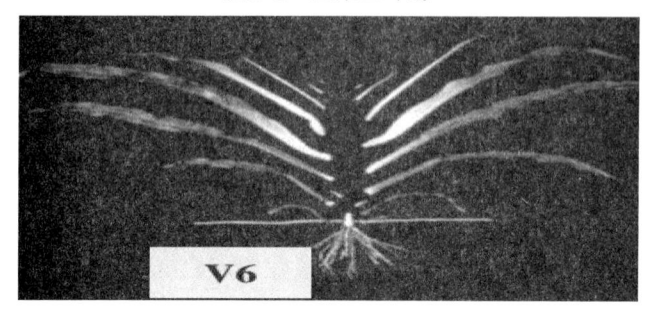

图2-4 玉米拔节期　　　　　　　图2-5 玉米拔节期

5. V12第十二叶完全展开,玉米的大喇叭口期。(图2-6、2-7)
6. VT吐丝前雄穗的最后一个分枝可见,即玉米的抽雄期。(图2-8)
7. R1雌穗的花丝开始露出苞叶,即玉米的吐丝期。(图2-9、2-10)
8. R2果穗子粒体积基本建成,胚乳呈清浆状,即籽粒建成期。(图2-11)
9. R3、R4籽粒变黄,胚乳至糊状,即玉米乳熟期。(图2-12、2-13)
10. R5、R6籽粒干重接近最大值,即玉米的蜡熟期。(图2-14、2-15)

图2-6 玉米大喇叭口期　　　　　图2-7 玉米大喇叭口期

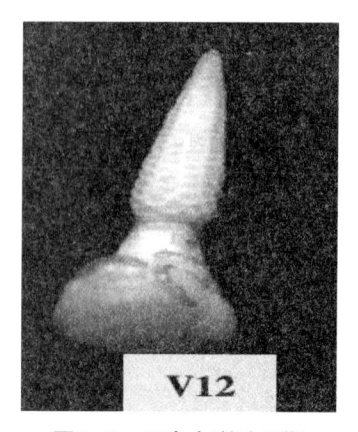

模块二：玉米栽培技术

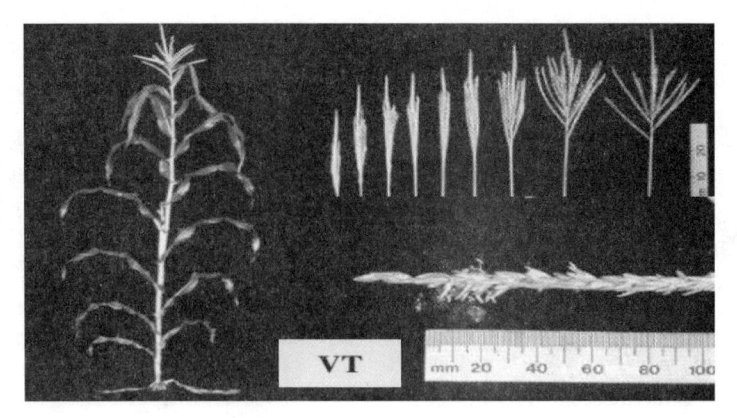

图2-8　玉米抽雄期

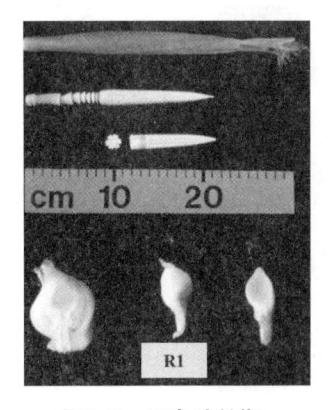

图2-9　玉米吐丝期

图2-10　玉米吐丝期

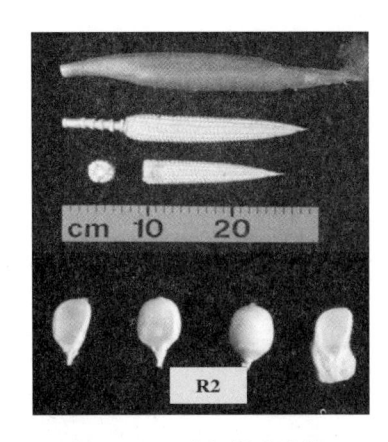

图2-11　玉米籽粒建成期

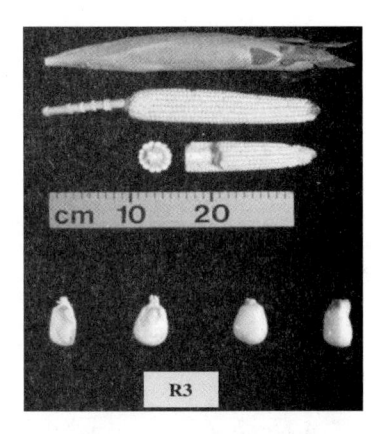

图2-12　玉米乳熟期

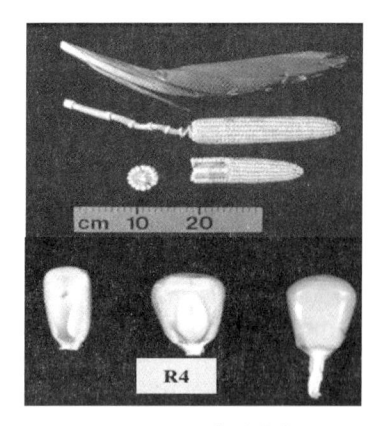

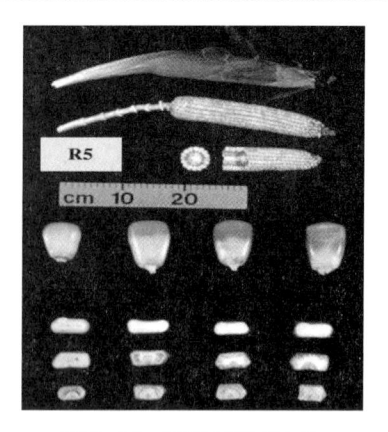

图2-13 玉米乳熟期　　图2-14 玉米蜡熟期(1)

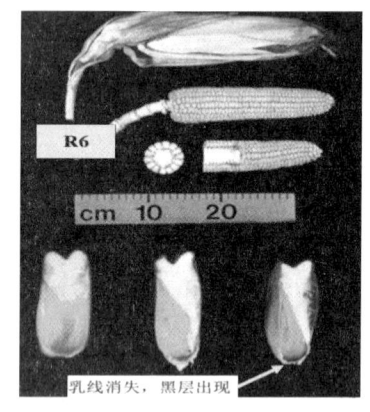

图2-15 玉米蜡熟期(2)

## 第二节　玉米的器官

一、花与花序（图2-16、图2-17）

玉米雌雄同株，两种单性花序异位着生，是典型的异花授粉作物。

（一）雄花序（图2-18、图2-19）

玉米的雄花序又称雄穗，属圆锥花序，着生于茎秆顶部，由主轴和侧枝组成。

雄穗上着生成对排列的小穗，小穗由护颖包着两朵雄花。每朵雄花由1个内颖、1片护颖和3个雄蕊组成，雄蕊的花丝顶端着生花药，每花药约有2500粒花粉。

图2-16　玉米花序与花　　　　图2-17　花序与花的形态构造

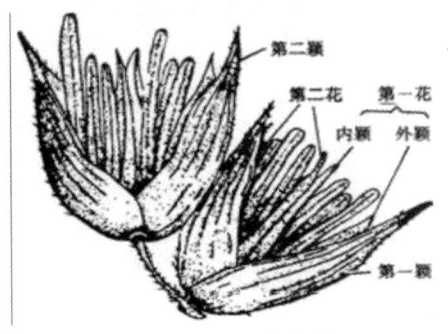

图2-18　玉米雄花序　　　　图2-19　玉米雄花序

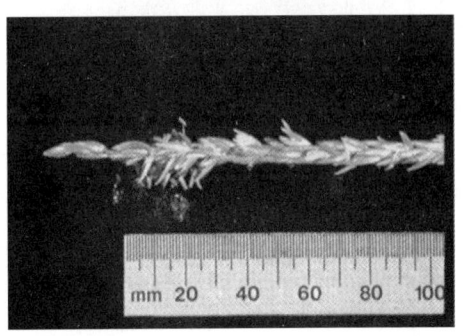

玉米抽穗后2~5天开始开花,开花顺序是从主轴中上部开始,然后向上向下同时进行,分支的小花开放顺序和主轴相同。一般始花后2~5天为盛花期,以上午7~11时开花最盛。

(二)雌花序(图2-20)

玉米的雌花序又称雌穗,属肉穗花序,由叶腋的腋芽发育而成。雌穗是一个变态的侧枝,果穗生于侧枝的顶端,侧枝是由短缩的节和节间组成的,通常称穗柄。枝上每一节着生一变态叶,即苞叶。

穗轴节很细密,每节着生成对排列成行的两个小穗,每一小穗基部两侧各着生一个护颖,每一小穗内有两朵雌花,上位花发育结实,下位花退化。

其中结实的小花由1个内颖、1片外颖和一个雌蕊和退化的雄蕊组成,雌蕊由子房、花柱和柱头组成。另一个退化的小花仅有膜质的内、外颖和退化的雌、雄蕊痕迹。(图2-21)

二、玉米雌雄穗的分化和发育

(一)雄穗的分化和发育

1.生长锥未伸长期

生长锥突起,长宽差别较小,此时茎尚未开始拔节,是雄穗分化的原始阶

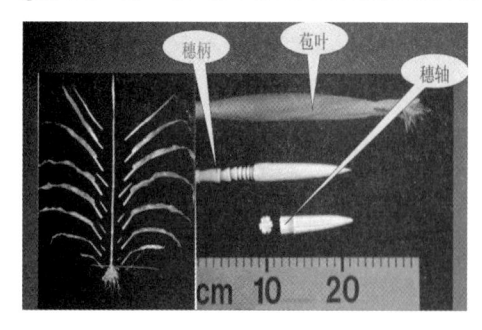

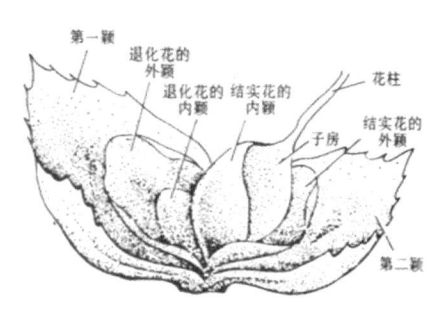

图 2-20  玉米雌花序　　　　图 2-21  玉米小花构造

段。

2.生长锥伸长期

茎顶生长锥开始显著伸长,长大于宽;小穗分化期:生长锥中部出现小穗原基,基部出现分支原基,是进入小穗分行期的标志。

3.小花分化期

生长锥中部小穗原基分化出两个大小不等的小花原基,标志着进入小花分化期。

4.性器官形成期

雄蕊原始体迅速伸长,花粉囊中的花粉母细胞形成四分体,标志着雄穗分化进入性器官发育形成期,这时雄穗体积迅速增大,不久即进入抽雄期。

(二)雌穗的分化和发育

1.生长锥未伸长期

生长锥尚未伸长,长宽差别较小。

2.生长锥伸长期

生长锥显著伸长,长大于宽。

3.小穗分化期

生长锥进一步伸长,出现小穗原基。

4.小花分化期

雌穗中下部的小穗开始分化出两个小原基,标志着进入小花分化期。

5.性器官形成期

雌穗中下部小花雌蕊柱头逐渐伸长,顶端出现分叉和绒毛,同时子房长大,胚珠分化,雌穗迅速增长,不久花丝从苞叶中伸出。

### 三、开花授粉与受精

**(一)开花**

抽穗后2~5天开始开花,顺序:从主轴中上部开始,然后向上向下同时进行,分枝的小花开放顺序与主轴相同,一般第2~5天为盛花期,上午开花较多,午后开花显著减少,夜间更少。以上午7~11时开花最盛,其中上午7~9时开花最多。

雌穗抽出稍晚,穗柄短的比穗柄长的吐丝性好;苞叶短、苞尖紧的品种吐丝性好;在干旱、缺肥或遮光的条件下,容易出现雌雄开花不协调现象。果穗基部以上1/3处的小花先抽丝,然后向上、向下伸展。因此,当果穗上下部位花丝抽出后,粉源不足时会出现果穗秃顶或基部缺粒现象。

**(二)授粉与受精**

玉米开花时,胚囊和花粉粒都已成熟,雄穗花药破裂散出大量花粉。微风时,花粉只能散落在植株周围1米多的范围内,风大时花粉可散落在500~1000m以外的地方。花粉借助风力传到花丝上的过程称为授粉。花粉落在花丝上10分钟就开始发芽,30分钟后大量发芽。花粉发芽形成花粉管进入子房达到胚囊,放出两个精子。一个精子与卵细胞结合,形成合子,将来发育成种子的胚;另一个精子与两个极核结合,将来发育成胚乳。胚囊内同时进行的这两个受精过程,称双受精,从授粉到完成双受精大约需18~24小时。

**(三)影响开花授粉的因素**

1. 温度

20℃~28℃开花最多,>38℃或<18℃雄花不开。

2. 湿度

最适宜的相对湿度65%~90%,<60%开花少,>90%易吸水膨胀破裂。

3. 花粉生活力与温湿度关系

在温度28.6℃~30℃,相对湿度65%~81%时,花粉生活力可维持5~6小时,8小时后显著下降,24小时后完全丧失生活力。花粉暴晒在中午的强光下(38℃以上),2小时左右即全部丧失其生活力。植株健壮、生长势强的品种,花丝生活力强;杂交种的花丝活力比自交系的强;高温、干燥的气候条件比阴凉、湿润的气候条件容易使花丝枯萎而提早丧失生活力。

## 四、种子

玉米的种子实质上是果实(颖果),通常叫种子或籽粒,主要由皮层(包括子房壁形成的果皮和珠被形成的种皮)、胚和胚乳组成。(图2-22)

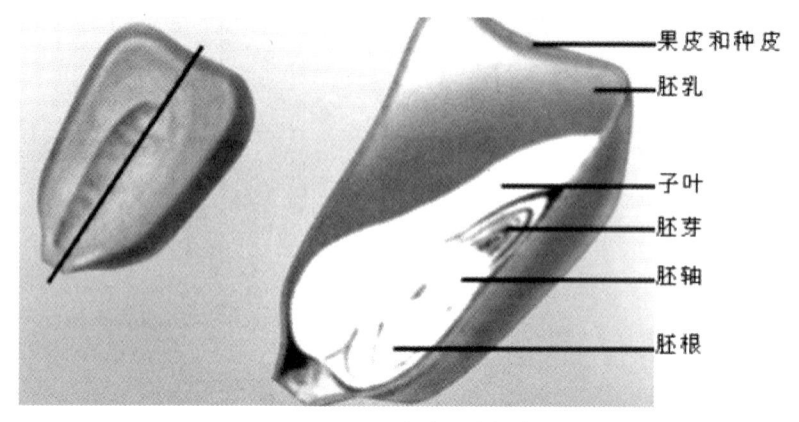

图2-22 玉米种子的构造

(一)种子的形成过程大致分为四个时期:

籽粒形成期:自受精到乳熟初期,一般在授粉后15~20天,胚的生长发育快,此期末胚的分化基本结束,胚乳细胞形成,种子已初具发芽能力,但干物质积累少。

乳熟期:自乳熟初到腊熟初期,为期20天左右,此期末,果穗的粗度、籽粒和胚的体积达最大,籽粒增长迅速。

腊熟期:自腊熟初期到完熟之前,为期10~15天,籽粒干物质积累慢,数量少,是粒重的缓慢增长期。

完熟期:在腊熟后期,干物质积累停止,主要是籽粒脱水过程,籽粒变硬,乳线消失,胚基部出现黑色层。

(二)影响子粒发育的因素

1. 温度

①玉米灌浆期的适宜温度为20℃~24℃。

②温度明显影响抽穗到成熟的日程。

③昼夜温差对子粒灌浆有明显影响。

2. 水分

①水分的多少影响光合能力。

②影响营养器官中的物质向子粒中运输。

3.光照

玉米粒重约90%~95%来自授粉后的光合产物。

4.肥料

适量供给氮肥,叶片功能期长,有粒大粒饱的效果,品质也有所提高。

★复习思考题★

1.什么叫玉米的生育时期?

2.玉米各生育时期及鉴别标准是什么?

# 第三章　旱作区玉米生产技术介绍

● 学习任务及指导 ●

1. 全膜双垄沟播技术。
2. 全膜双垄沟播技术的主要技术参数。
3. 一膜两年用技术的实施方法。

## 第一节　全膜双垄沟播技术

### 一、研发背景

甘肃省旱农区早春（3~5月）降雨稀少、土壤墒情极差，常常导致玉米无法下种；传统的地膜覆盖技术的应用大幅度提高了旱作区玉米产量，但对雨水的保蓄率低，导致早春稀少的降水，特别是小于10mm的微小降水不能有效的集蓄和利用，难以解决早春因干旱玉米无法下种的问题。因此，针对年降水量300~400mm的半干旱易旱区春旱严重，不能及时播种，应用常规的地膜覆盖技术又难以保证春播玉米和马铃薯正常出苗，生长期裸露土壤蒸发量大的实际，在连续多年实践的基础上，2003年榆中县农技中心在实施农业部"旱作节水农业财政专项"项目过程中，在试验的基础上提出了"玉米全膜覆盖双垄面集雨沟播栽培技术"，简称"玉米全膜双垄沟播技术"；2005—2006年省农技总站在全省不同区域进行试验研究，均获得显著的增产效果，同时也研究出了不同区域的栽培技术规程，这是甘肃省旱作农业上的一项带有突破性的重大技术创新，为旱作农业区玉米种植获得稳产、高产开创出新途径。

## 二、技术参数(图2-23)

全膜双垄沟播技术体系其核心是全地面覆盖地膜双垄面集流沟播栽培，该技术集覆盖抑蒸、垄面集流、垄沟种植技术于一体，改常规半膜覆盖为全地面覆盖地膜、改常规地膜平铺为起垄覆膜、改常规垄上种植为沟内种植，适用于年降雨量250~600mm的旱作农业区。其主要技术参数为：在田间地表起大小相间的双垄(大小双垄总幅宽110cm，大垄宽70cm，高10cm；小垄宽40cm，高15cm，大小垄相接处为播种沟)，并在大小双垄之间形成集雨沟槽后，用地膜全地面覆盖，再在沟内播种作物的种植技术。全膜双垄沟播技术不仅能大幅度提高作物产量，使项目区粮食作物平均产量达到535.4kg/亩，增产36.6%；还具有显著的增温效果，促进了农业结构调整。使玉米提早成熟10天~15天，扩大了玉米的种植区域，并使玉米的适种海拔提高200m左右，使原来不能种植玉米的地区可以种植玉米，一些中晚熟品种在海拔2000m的地区能够正常成熟。

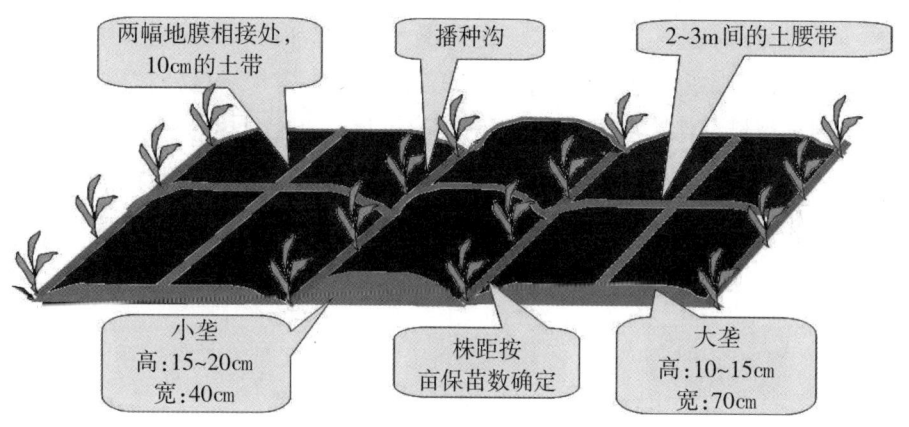

图2-23 全膜双垄沟播技术示意图

1.秋覆膜

其主要技术参数为：前茬作物收获后，在土壤封冻前(一般10月中下旬至11月初)，深耕整地，按大小双垄(大小双垄总幅宽110cm，大垄宽70cm，高10cm；小垄宽40cm，高15cm，大小垄相接处为播种沟)相间在田间起垄，进行全地面覆盖地膜，可有效抑制冬春季无效蒸发。使玉米播前1m土壤有效贮水量平均较春季半膜平铺增加47.8mm，增长29.1%。

2.顶凌覆膜

其主要技术参数为：是指早春土壤昼消夜冻时(一般3月上中旬)，及早整地、按大小双垄(大小双垄总幅宽110cm，大垄宽70cm，高10cm；小垄宽40cm，高15cm,大小垄相接处为播种沟)相间在田间起垄,通过顶凌抢墒覆膜,最大限度地保持土壤有效水分,可明显减少早春土壤水分的无效蒸发,使土壤水分保持较高的水平,能有效解决旱作区春旱严重而影响播种的问题,使玉米播前1m土壤有效贮水量平均较春季半膜平铺增加28.3mm,增长17.3%。

# 第二节 一膜两年用技术

其核心是全膜双垄沟播一次覆膜连续种植两茬或多茬作物,适用于年降雨量250~500mm的旱作农业区。其主要技术参数为:在前茬全膜双垄沟播作物收获后不耕,保护好地膜,第二年在原地膜上播种下茬作物,生长期进行分次追肥管理,这样一次覆膜连续种植两茬或多茬作物,其模式为:玉米→玉米,玉米→马铃薯,玉米→小麦,玉米→蔬菜等。该技术能最大限度地保蓄土壤水分,减轻冬春季土壤水分的蒸发,使第二年播前土壤含水量保持较高的水平,可以充分满足早春作物对水分的需求,其产量与当年覆膜技术产量水平一致,可明显降低地膜和劳动投入成本,达到降本增效的目的。同时,根系直接还田,增加了土壤有机质,有利于改良土壤和提高土壤肥力;周年进行全地面地膜覆盖,能有效减轻土壤地表的风蚀和水蚀,防止水土流失,有利于保护环境

1.根茬还田

第一年玉米收时,高茬收割秸秆(地上15cm左右),所留玉米根系及茎秆经高温多雨季节土壤微生物的分解还田,增加土壤有机质。(图2-24)

2.冬季在上年玉米收获后,用细土将破损处封好,玉米秸秆垂直于膜面放置或留高茬,严防牛羊践踏,保护好地膜。(图2-25)

图2-24 根茬还田　　　　图2-25 冬季保护

### 3.春季清除秸秆

播前一周左右将玉米秆运出,扫净残留茎叶,用细土封住地膜破损处。

### 4.田间管理

在生长期分次追肥是田间管理的重点措施。拔节期每亩追施尿素20~25kg,过磷酸钙20~30kg,硫酸钾15~20kg,硫酸锌2~3kg;大喇叭口期追施尿素10~15kg,在抽雄以后酌情追施攻粒肥。追肥均采用打孔或用追肥枪在两株中间追施;秋收后及时清除秸秆和残膜,耕翻整地。

★知识拓展★

**全膜双垄沟播玉米套种冬油菜复种大豆一膜三茬免耕栽培技术**

全膜双垄沟播玉米套种冬油菜复种大豆一膜三茬免耕栽培技术是在全膜双垄沟播玉米的基础上发展起来的一项一膜多用免耕多茬种植新技术。它不仅充分利用了有限光、热、水资源,提高了复种指数,而且实现了节本增效。

一、第一茬玉米栽培要点

第一茬玉米栽培除在施肥和玉米品种选择上有别于全膜双垄沟播玉米栽培技术,其余技术环节均按照全膜双垄沟播技术执行。在施肥上由于是一次覆膜种植三茬作物,因此基肥要重施。一般亩施优质腐熟农家肥5~7吨,起垄前均匀撒于地表;尿素氮肥25~30kg,过磷酸钙50~70kg,硫酸钾15~20kg,硫酸锌2~3kg或施玉米专用肥80kg,划行后将化肥混合均匀撒在小垄的垄带内。在品种的选择上,玉米宜选择株型紧凑的品种,如先玉335、吉祥1号、兴达1号、丰玉2号等。

二、第二茬油菜栽培要点

1.品种选择:选用适宜当地的陇油6号、陇油7号、陇油8号、天油5号、天油6号、天油7号、冬油1号等品种;

2.种子处理:用粉锈宁或三唑酮拌种防治白粉病,用菌核净拌种防治菌核病。

3.播种:油菜一般在玉米收获前8月中下旬播种;用穴播器在玉米行间点播,每穴下籽3~5粒,播深2~4cm,油菜每垄沟种植1行,大垄面上种4行,穴距15cm,亩保苗4万株左右。

4.田间管理

图2-26

(1)放苗:油菜出苗时若遇雨板结,要破土、破膜及时放苗。

(2)间、定苗:在2~3片真叶展开时间苗,4片真叶时定苗,每穴留苗2株。

(3)追肥:早春或返青时用穴播器亩追施尿素10~15kg和过磷酸钙20kg以利壮苗,花期及后期缺肥可叶面喷施磷酸二氢钾。

(4)病虫害防治:油菜主要有菌核病、黑腐病、蚜虫、跳甲等病虫害,10月

图2-27

中下旬及返青时,每亩用2.5%溴氰菊酯乳油20ml兑水40~60kg防治,翌春在油菜初花期、盛花期每亩用50%的多菌灵可湿性粉剂100g兑水50kg防治。

5.适时收获:油菜一般全田70~80%角果淡黄色及时收获。

三、第三茬大豆栽培要点

1.品种选择:选用早熟良种如中黄30、60黄、丰收11、丰收12号等品种。

2.种子处理:用35%乙基硫环磷或35%甲基硫环磷按种子量的0.5%拌种。

3.播种:次年6月油菜收获后及早播种。在垄沟内用穴播机每28~30cm播种一穴,每穴2~3粒,播深3~4cm,行距30cm,苗穴数7500~8000穴,播种后及时封口。

4.田间管理

(1)放苗:大豆出苗时若遇雨板结,要破土、破膜及时放苗。

(2)间、定苗:在2~3片真叶时间苗,3~4片真叶时定苗,每穴留苗1株。

(3)追肥::苗期叶面喷施植物动力2003的1200倍液1次,中期追施硝酸铵10kg/亩,过磷酸钙10~15kg/亩,后期叶面喷施磷酸二氢钾3000倍液2~3次。

(4)病虫害防治:大豆主要病害有细菌性斑点病,真菌引起的灰斑病、霜霉病,病毒引起的花叶病、卷叶病等,主要虫害为蚜虫、食心虫、黑绒金龟子、豆荚螟;细菌性病害用72%农用链霉素4000倍液或新植霉素4000~5000倍液防治,真菌性病害可用25%瑞毒霜可湿性粉剂500倍液或75%百菌清可湿性粉剂600倍液,病毒性病害可用20%病毒A可湿性粉剂500倍液防治病毒病;蚜虫可用50%抗蚜威可湿性粉剂每亩10g兑水40~50kg喷雾;食心虫可用5%的甲拌磷颗粒剂0.75~4kg拌土10kg撒于田间;黑绒金龟子、豆荚螟可用2.5%的敌百虫

粉剂每亩2kg田间喷洒。

5.适时收获

大豆黄熟末期进行收获,此时植株已全部变成黄褐色,茎和荚变黄,荚内籽粒与荚壁脱离,籽粒呈现出品种固有色泽。

★复习思考题★

1.什么是全膜双垄沟播技术?

2.一膜两年用技术应该注意的问题?

# 第四章 旱作区玉米生产技术规程

●学习任务及指导●
1. 秋覆膜、顶凌覆膜。
2. 适期播种。
3. 合理密植。

# 第一节 播前准备

一、选地整地

1. 选地

选择地势平坦、土层深厚、土质疏松、肥力中上，土壤理化性状良好、保水保肥能力强、坡度在15°以下的地块，不宜选择陡坡地、石砾地、重盐碱地等。

2. 整地

一是伏秋深耕，即在前茬作物收获后及时深耕灭茬，翻土整地，耕深达到25~30cm，耕后要及时耙耱；二是覆膜前浅耕，平整地表，耕深达到18~20cm，有条件的地区可采用旋耕机旋耕，做到"上虚下实无根茬、地面平整无坷垃"，为覆膜、播种创造良好的土壤条件。

二、施肥消毒

1. 玉米是需肥较多的高产作物，应加大肥料施用量

一般亩施优质腐熟农家肥3000~5000kg（若计划采用一膜两用，由于免耕施肥困难，头年农肥施用量应增加到7000~8000kg），尿素20~30kg，过磷酸钙

50~70kg，硫酸钾15~20kg，硫酸锌2~3kg或玉米专用肥80kg，混合后均匀撒在小垄的垄带内。

2.地下害虫为害严重的地块，整地起垄时每亩用40%辛硫磷乳油0.5kg加细沙土30kg，拌成毒土撒施，或兑水50kg喷施。每喷完一次覆盖后再喷一次，以提高药效。兑药剂或喷药时，要戴橡胶手套、口罩。杂草危害严重的地块，整地起垄后用50%乙草胺乳油100g兑水50kg全地面喷雾，然后覆盖地膜。

### 三、起垄覆膜

小垄40cm，垄高15cm，大垄70cm，垄高10cm。

1.人工起垄覆膜

先用划行器划行，再起垄，用120cm宽的地膜全地面覆盖，两副膜相接处在大垄中间并覆土，并隔2~3m左右横压土腰带。（图2-28）

2.人畜力起垄覆膜

在起垄覆膜机进地后，将地膜向后拉出30~50cm，用土压实压平，作业时要保持匀速、直线，在膜上每间隔2~3m横压土腰带。（图2-29）

图2-28 人工起垄覆膜

图2-29 人畜力起垄覆膜机起垄覆膜

### 3.机械起垄覆膜

在拖拉机进入地头后,缓慢放下机具,将地膜从卷轴上拉出30~50cm长的地膜用土压实、压平,在输土槽内预先装入适量的压膜土,开始起垄覆膜,不要过分拉紧地膜,垄沟内覆土不宜过多。(图2-30)

覆膜后及时在垄沟内打孔,使雨水入渗。

图2-30 机械起垄覆膜一体机起垄覆膜

### 4.覆膜时间

(1)秋季覆膜(10月下旬至土壤封冻前):前茬作物收获后,深耕整地、起垄覆膜。此时覆膜能够最大限度地保蓄土壤水分,但是地膜在田间保留时间长,越冬季节管理难度大,秸秆富余的地区可配套应用秸秆覆盖技术。

(2)顶凌覆膜(3月上中旬土壤昼消夜冻时):早春土壤昼消夜冻时,及早整地、起垄覆膜。此时覆膜保墒增温效果很好,特别有利于发挥该项技术的增产增收优势,而且可有效利用春节刚过农闲时间劳力充足的有利条件。

## 四、种子准备

### 1.品种选择

结合当地的自然条件和气候特征,选择株型紧凑、抗逆、抗病性强、适应性广、品质优良、增产潜力大的粮饲兼用型杂交玉米品种。一般海拔2000m以下的区域,选择豫玉22、承单20号、沈单16号、富农1号、金穗1号、酒试20、金穗4号、金穗5号、金穗8号等中晚熟品种;海拔2000~2200m的地区,选用金穗3号、金穗7号、利玛28、酒单4号、农大3315等中早熟品种;海拔2200~2400m的区域选用利玛59、新玉4号等极早熟品种。

2.种子处理

要求统一使用包衣种子,对于少数未经包衣处理的,播前必须进行药剂拌种,可用50%辛硫磷乳油按种子重量的0.1%~0.2%拌种,防治地下害虫;也可用20%粉锈宁粉剂或70%甲基托布津乳油150~200g加水1.5~2.5kg,拌种50kg,防治瘤黑粉病、丝黑穗病等病害。

# 第二节 适期播种

## 一、时间

当地表5cm地温稳定通过10℃时为玉米适宜播期,各地可结合当地气候特点确定播种时间,一般在4月中下旬。若持续干旱要造墒播种,即采取坐水播种、点浇点灌等抗旱播种措施,为种子萌发出苗创造条件。

## 二、播种

采用玉米点播器按适宜的株距破膜穴播,将种子播种在垄沟内,每穴下籽2~3粒,播深3~5cm,点播后随手按压播种孔使种子与土壤紧密结合,防止吊苗、粉籽现象发生,并用细砂土、牲畜圈粪或草木灰等疏松物封严播种孔,防止播种孔大量散墒和遇雨板结影响出苗。

## 三、合理密植

各地按照土壤肥力状况和降雨条件确定种植密度。年降雨量250~350mm的地区以3000~3500株为宜,株距为35~40cm;年降雨350~450mm的地区以3500~4000株为宜,株距为30~35cm;年降雨量450mm以上地区以4000~4500株为宜,株距为25~30cm。肥力较高的地块可适当加大种植密度。

## 第三节 田间管理

### 一、苗期管理(出苗—拔节)

玉米苗期是长根、增叶、茎叶分化的营养生长阶段,决定了玉米的叶片和节数。到拔节期,基本上形成了强大的根系,叶片又是地上部分生长的中心。因此,管理的重点是促进根系发育、培育壮苗,达到苗早、苗足、苗齐、苗壮的"四苗"要求。

1. 破土引苗

全膜双垄沟播玉米在春旱时期需要坐水或点浇播种,或者遇雨抢墒播种,不论采取那种播种方式,覆土后都容易形成一个板结的蘑菇帽,易导致幼苗难以出土或出苗参差不齐,所以在播后一周左右要破土引苗。

2. 查苗补苗

在苗期要随时到田间查看,发现缺苗断垄要及时移栽,在缺苗处挖土开一小孔,将幼苗放入小孔中,浇少量水,然后用细湿土封住孔眼。

3. 间苗、定苗

应坚持"三叶间、五叶定"的原则,即出苗后2~3片叶时,开始间苗,除去病、弱、杂苗;幼苗达到4~5片叶时,即可定苗,每穴留苗1株,保留生长健壮、整齐一致的壮苗。

4. 打杈

全膜玉米生长旺盛,常常产生大量分蘖,这些分蘖不能形成果穗,只能消耗养分。因此,定苗后至拔节期间,要勤查勤看,及时将分蘖彻底从基部掰掉或割除。

### 二、中期管理(拔节-抽雄)

玉米拔节后,茎节间迅速伸长、叶片增大,根系继续扩展,雌穗和雄穗分化形成,由营养生长转向营养和生殖生长并进时期。因此,管理的重点是促进叶面积增大,特别是中上部叶片,促进茎秆粗壮墩实。此期要注意防治玉米细菌性茎腐病、顶腐病、瘤黑粉病、玉米螟等,结合病虫害防治喷施磷酸二氢钾等叶面肥和植物生长调节剂。

当玉米进入大喇叭口期,即展开叶达到10~12片时,追施壮秆攻穗肥,一般每亩追施尿素15~20kg。追肥方法是用玉米点播器或追肥枪从两株距间打孔,深施肥料;或将肥料溶解在150~200kg水中,制成液体肥,用壶每孔内浇灌50ml左右。

### 三、后期管理(抽雄~成熟)

玉米后期以生殖生长为中心,是决定穗粒数和粒重的时期。管理的重点是防早衰、增粒重、防病虫。保护叶片,提高光合强度,延长光合时间,促进粒多、粒重。若发现植株发黄等缺肥症状时,追施增粒肥,一般以每亩追施尿素5kg为宜。

### 四、适时收获

当玉米苞叶变黄、叶色变淡、籽粒变硬有光泽,而茎秆仍呈青绿色、水分含量在70%以上时及时收获。果穗收后搭架或入囤晾晒,防止淋雨受潮导致籽粒霉变,充分干燥待水分含量降至13%以下后脱粒贮藏或上市销售;除一膜两用外,其余秸秆收获后最好入窖青贮,用作养殖业的良好饲料。

★知识拓展★

### 几种全膜双垄沟播玉米高效间套模式简介

一、间套模式:

玉米采取宽窄行种植,宽行70cm,窄行40cm,株距30cm,播种密度为4000~5000株/亩,采取先起双垄,使大小垄相接处形成播种沟,然后采用宽120cm的超薄膜全地面覆盖,最后在沟内播种,其它作物均在大行内播种。

1. 玉米套大蒜:大行种2行大蒜,株行距10cm×20cm;

2. 玉米套蚕豆:大行种1行,株距25cm;

3. 玉米套甜菜:大行种1行,株距40cm;

4. 玉米套大豆:大行种2行,株行距25cm×30cm;

二、播期:大蒜、蚕豆、大豆3月20日左右播种,甜菜4月10日左右播种,玉米4月15日左右播种。

三、成熟收获:各个作物在不同成熟期及时收获。

★复习思考题★
1.玉米合理的间苗、定苗时期分别是什么?
2.玉米生长后期管理的重点是什么?

# 第五章　旱作区玉米主推品种介绍

表2-1　旱作区玉米主推品种介绍

| 熟性 | 名称 | 特征特性 | 适宜区域 |
|---|---|---|---|
| 晚熟品种 | 金穗3号 | 株高192cm,果穗长锥形,穗行数16~18,行粒数41,穗轴紫红色,千粒重292.4g,生育期146天,高抗红叶病。 | 临夏、康乐、定西、渭源等地。 |
| | 中玉9号 | 株高266cm,果穗圆锥型,穗行数15~17,行粒数41.2,穗轴红色,籽粒黄色硬粒型,百粒重33.42g,生育期141天,抗倒伏,高抗茎腐病。 | 酒泉、武威、白银、临夏、临洮、清水等地。 |
| | 金凯2号 | 株高273cm,果穗筒形,穗行数18行,行粒数35.5粒,穗轴白色,籽粒黄色半马齿型,千粒重345g,生育期137天,高抗红叶病,抗玉米矮花叶病和丝黑穗病。 | 武威及天水等地。 |
| | 登义2号 | 株高290cm,果穗长锥型,穗行数14~16,行粒数44,穗轴红色,籽粒黄色马齿型,百粒重43.0g,生育期137天,抗倒伏,高抗大斑病。 | 天水、陇南、平凉、庆阳、白银等地。 |
| | 甘玉23 | 株高270~310cm,果穗长锥型,穗行数16~22,行粒数36~45,穗轴白色,籽粒黄色马齿型,千粒重330~360g,生育期131天,高抗红叶病,抗茎腐病。 | 武威、白银、临洮等地。 |
| 中晚熟品种 | 沈单16号 | 中晚熟,株高260cm,杆壮,半紧凑型,果穗圆柱型,穗长23cm,无秃顶,平均穗行14,行粒数44,籽粒橙黄色硬粒型,千粒重400g,抗病性较强。 | 平凉、庆阳、定西、白银等中晚熟区。 |
| | 武科2号 | 株高260cm,株型紧凑,中晚熟,生育期135天。果穗锥型,穗轴白色,穗行数16~18,行粒数34~38,千粒重360~400g,籽粒黄色马齿型,高抗红叶病毒病。 | 武威、张掖、酒泉、白银等地。 |
| | 武科1号 | 株高259cm,果穗锥形,穗行数14.8,行粒数38.6;穗轴粉红色,籽粒黄色马齿型,千粒重378.1g,生育期135天,中晚熟,高抗红叶病,中抗丝黑穗病。 | 张掖、武威、临夏、兰州和清水等中晚熟玉米种植区。 |
| | 正德304 | 株高270~310cm,果穗长筒型,穗轴红色,穗行数18~22,行粒数36~40,籽粒桔红色半马齿型,千粒重350~367g,生育期136天,中晚熟,抗红叶病和瘤黑粉病,中抗大斑病。 | 天水、平凉、武威等地。 |

续表

| 熟性 | 名称 | 特征特性 | 适宜区域 |
|---|---|---|---|
| 早熟品种 | 金穗7号 | 株高264cm,果穗长筒型,穗行数16~18,行粒数44粒,穗轴红色,籽粒黄色半硬粒型,千粒重391g,生育期115天,抗红叶病,中抗大斑病,感丝黑穗病,高感矮花叶病。 | 渭源等地中早熟玉米种植区。 |
| | 农大3315 | 株高约250cm,全生育期140天,高产、早熟,籽粒马齿形,穗行数12~14行,行粒数38~40,千粒重220~360g,抗倒伏。 | 天水陇东等中早熟玉米种植区。 |
| | 新玉35号 | 株高280cm,早熟高产,适应性广。生育期105天,抗倒伏,抗旱,持绿性好,活秆成熟,抗玉米瘤黑粉病、丝黑穗病,百粒重30g,籽粒硬粒金黄色,生物产量高,粮饲兼用。 | 中东部、南部等高海拔冷凉地区。 |

★知识链接★

### 玉米简易发芽试验

种子发芽率是种子质量检验中的一项指标,是指在规定的条件和时间内,长出的正常幼苗数占供检种子数的百分率。种子发芽率高低直接影响着农业增产,农民增收。怎样搞好种子室内发芽试验,应遵循以下步骤:

1. 数取试样:试样必须是经过净度分析后的净种子,从净种子中用数种仪或手工随机数取400粒。

2. 发芽床:发芽床必须按照《农作物种子检验规程》要求的砂粒,在使用前必须经洗涤高温杀菌消毒。

3. 种子置床:将消毒拌好的湿沙装入培养盒至4cm左右厚,把数取的种子排在培养盒内,每个盒内均匀排放50粒种子,粒与粒之间要保持一定的距离,避免种子受到病菌感染,再盖1.5cm左右湿沙后放入种子培养箱内。

4. 温度:种子发芽温度通常为最低、最适、最高三种。玉米种子发芽温度最适为25度。

5. 发芽试验时间:按照《农作物种子检验规程》规定要求,玉米种子发芽试验持续时间是7天。

6. 幼苗鉴定:在规定的试验时间内从种子培养箱内取出长成的幼苗,用清水洗干净后按有关规定鉴定幼苗,幼苗鉴定分为正常幼苗、不正常幼苗、死种子三类。

表2-2　玉米种子质量标准(单位:%)

| 作物名称 | 种子类别 | | 纯度不低于 | 净度不低于 | 发芽率不低于 | 水分不高于 |
|---|---|---|---|---|---|---|
| 玉米 | 常规种 | 原种 | 99.9 | 99 | 85 | 13 |
| | | 大田用种 | 97 | | | |
| | 自交种 | 原种 | 99.9 | 99 | 80 | 13 |
| | | 大田用种 | 99 | | | |
| | 单交种 | 大田用种 | 96 | 99 | 85 | 13 |
| | 双交种 | 大田用种 | 95 | | | |
| | 三交种 | 大田用种 | 95 | | | |

注:长城以北和高寒地区的种子水分允许高于13%,但不能高于16%。若在长城以南(高寒地区除外)销售,水分不能高于13%。

★复习思考题★

1. 简述玉米登义2号的特征特性。该品种庆阳能种植吗?
2. 玉米杂交种子发芽率低于85%是合格种子吗?
3. 请简述玉米种子简易发芽试验的主要步骤?

# 第六章　旱作区玉米主要病虫草害及其防治

• 学习任务及指导 •

1. 玉米穗腐病危害症状、发生规律及防治方法。
2. 玉米蚜虫危害症状、发生规律及防治方法。
3. 玉米金针虫的危害症状、发生规律及防治方法。

## 第一节　病害及防治

玉米常见的病害主要有瘤黑粉病、穗腐病、锈病、丝黑穗病等；虫害有玉米螟、玉米蚜、粘虫、地老虎、蛴螬、金针虫、蝼蛄等。

### 一、玉米瘤黑粉病（图2-31、图2-32）

1. 症状

该病对玉米茎、叶、穗均可造成危害，被害组织畸形肿胀，产生各种大小不同的菌瘤，外包薄膜，初期为白色或带紫色，后期变为灰白色，薄膜破裂后，散出大量黑粉。

2. 发生规律

残留在土壤或肥料内、粘附在种子表面上或病株残体内的厚垣孢子是下年初侵染的主要菌源。条件适宜时产生担孢子和次生担孢子，

图2-31　玉米瘤黑粉病

## 模块二：玉米栽培技术

随风雨落在植株幼嫩组织上，遇水滴后萌发侵入表皮并形成菌瘤。在干旱、有机质含量低以及重茬地块上发病重，生长期间遇高温、多雨，发病亦重。

3.防治方法

①种植抗病品种，使用杂交包衣种子。②与非禾谷类作物轮作2~3年。③发病初期在菌瘤未变色之前及时将菌瘤切除，带出田间掩埋，防止污染土壤。④收获时清除田间病残体，秋季实行深翻土壤，减少初浸染来源。

### 二、玉米穗腐病（图2-33）

图2-32 玉米瘤黑粉病

1.症状

玉米穗腐病自幼苗至成熟期都可发生，最典型的症状为种子霉烂、弱苗、茎腐、穗腐，其中以穗腐的经济损失最为严重。再侵染发病初期果穗花丝黑褐色，水浸状，穗轴顶端及籽粒变成黄褐色、粉红色或黑褐色，并扩展到果穗的1/3~1/2处，当多雨或湿度大时可扩展到全部果穗。患病的籽粒表面生有灰白色或淡红色霉层，白絮状或绒状，果穗松软，穗轴黑褐色，髓部浅黄色或粉红色，折断露出维管束组织。

2.发病规律

病源菌从玉米苗期至种子贮藏期均可侵入为害，主要是在收获时果穗

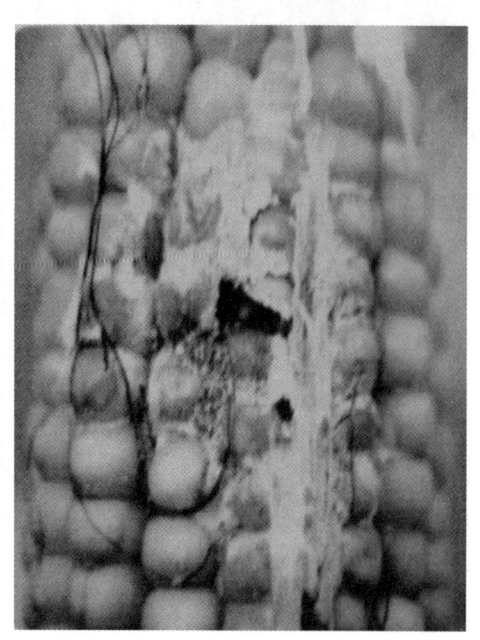

图2-33 玉米穗腐病

霉烂而造成损失。病菌以菌丝体、分生孢子或子囊孢子附着在种子、玉米根茬、茎秆、穗轴等植物病残体上腐生越冬，翌年在多雨潮湿的条件下，子囊孢子成熟飞散，落在玉米花丝上兼性寄生，然后经花丝侵入穗轴及籽粒引起穗腐。

3.防治方法

①选用抗病品种和包衣种子。②及时剥掉苞叶,防雨淋湿受潮。③折断病果穗霉烂顶端,防止穗腐病再扩展。④对玉米秸秆、穗轴、根茬及时采取青饲、氨化、沤肥、焚烧等办法彻底处理。⑤化学药剂防治,在玉米喇叭口期,防治玉米螟可有效的控制穗腐病的发生,每亩用直径2mm左右水洗河沙15kg与20%氰戊菊酯8~10ml和50%多菌灵WP 50g混合搅拌制成的颗粒剂,灌入玉米心叶,据试验:灌心不仅对玉米螟防治效果达100%,而且对玉米穗腐病、粘虫、蚜虫防治效果达90%以上。

## 三、玉米锈病(图2-34、图2-35)

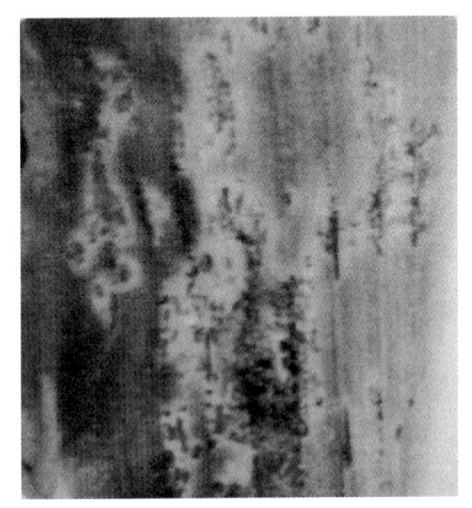

图2-34 玉米锈病　　　图2-35 玉米锈病

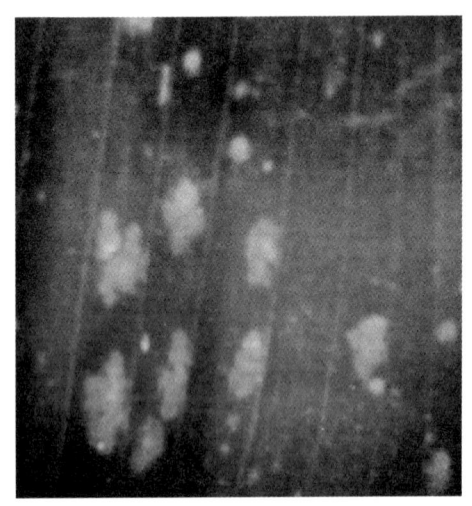

1.症状

玉米锈病主要为害叶片,在受害部位初形成乳白色、淡黄色,后变成黄褐色乃至红褐色的夏孢子堆,夏孢子堆在叶两面散生或聚生,椭圆形或长椭圆形,隆起,表皮破裂散出锈粉状夏孢子,呈黄褐色至红褐色。后期在叶两面形成冬孢子堆,长椭圆形,突破表皮呈黑色,长1~2mm,多个冬孢子堆汇合连片,叶片提早枯死。

2.发病规律

玉米锈菌以冬孢子在病株残体上越冬,田间传播靠夏孢子重复侵染。病害发生与品种和气候条件有密切关系,温度和湿度条件是影响发病最重要的因素。

### 3.防治措施

选用优质、高产、抗病优良品种。玉米收获后及时清除田间玉米茎叶和病残体烧毁或沤肥,减少田间菌源。防治玉米锈病效果较好的化学农药有15%粉锈宁可湿性粉剂1000倍液,85%代森锰锌可湿性粉剂750倍液在发病初期喷雾。

# 第二节　虫害及防治

## 一、玉米螟(图2-36、图2-37)

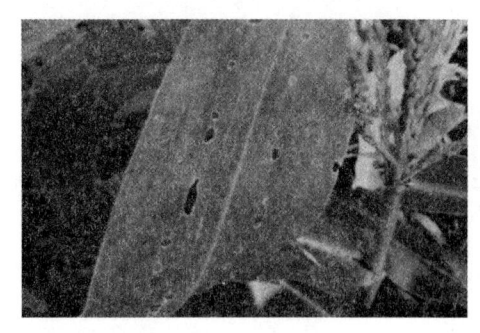

图2-36　玉米螟 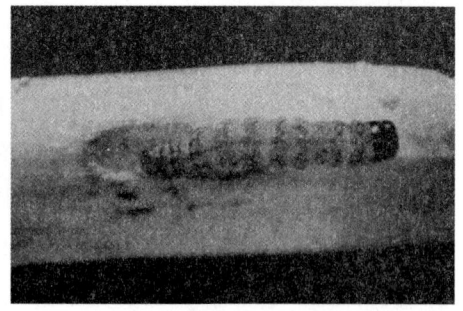　　　　　　　图2-37　玉米螟

### 1.形态特征

玉米螟鳞翅目,螟蛾科。幼虫乳白色,背部带粉红色、青灰色或灰褐色,头褐色有黑色点和3条纵线,胸部2~3节,背面有4个圆形毛瘤,腹部1~8节背面各有2列横排毛瘤,第9腹节有3个毛瘤,胸足黄色,腹足趾钩为三序缺环型。

### 2.生活习性与发生规律

在甘肃省可发生1~2代,玉米螟为杂食性害虫,以幼虫钻蛀玉米、高粱、西红柿等植物茎秆,玉米心叶被蛀穿后,展开的叶片上有整齐的一排排小孔,幼虫由茎秆和叶鞘间蛀入茎部,取食髓部,抽穗后,多数下移蛀入穗柄,雌穗抽丝期,幼虫咬断花丝,取食子粒,以后钻蛀穗轴,玉米螟钻蛀穗部和茎秆在蛀孔外均有粪屑堆积。一般被害株有虫3~5条,严重者多达10条以上。

### 3.防治方法

①处理有虫的茎秆,压低虫源基数。②药剂防治,在大喇叭口期每亩用

20%杀灭菊酯乳油8~10ml或25%快杀灵乳油50~100g拌直径2mm的水洗沙15kg灌心。

## 二、玉米蚜虫(图2-38)

1. 形态特征

玉米蚜属同翅目,蚜虫科。有翅蚜浅绿色,椭圆形或细长,头胸黑褐色,额瘤显著,尾片黑色且短,瓦状纹明显,两侧各有弯曲毛2根,腿、脚节两端及跗节为黑色,无翅蚜体黑色。

2. 生活习性与发生规律

多群居于心叶、穗部或玉米苞叶、叶鞘内进行为害。7月中、下旬出现第1次为害高峰期,8月下旬至9月上中旬玉米籽粒成熟时出现第2次为害高峰,主要危害玉米雄穗、苞叶、叶片及叶鞘,严重时每株玉米有虫近万头。

图2-38 玉米蚜虫

3. 防治方法

①提倡进行生物防治,利用食蚜蝇、瓢虫等天敌,以虫治虫;②化学防治 每亩用50%抗蚜威粉剂8~10g,兑水50kg喷雾,或40%乐果乳油1000~1500倍液喷药防治,也可在玉米大喇叭口期灌药防治玉米螟时兼治蚜虫。

## 三、玉米粘虫(图2-39)

1. 形态特征

成虫淡黄褐色,触角丝状,前翅中央有两个近圆形淡黄斑,有一个小白点,其两侧各有一小黑点,后翅基部灰白,端部黑褐色。幼虫头黄褐色,有两条"八"字形纹;背中线白色较细,边缘绕有细黑线,亚背线稍带蓝色,边缘线呈白色线纹;腹部共10节,3~6节腹面各有腹足1对,腹足及尾足外侧有黑褐色斑纹;幼虫体色因食料、环境和虫

图2-39 玉米粘虫

口密度不同而有变化。

2.生活习性与发生规律

成虫对黑光灯有趋性,对糖醋液趋性更强,卵多产在倒伏小麦枯叶或绿叶尖端的皱缝处。幼虫食量随龄期而增加,以6龄期食量最大,为杂食、暴食性害虫,喜食禾本科植物,小麦收获期群集迁移到玉米、谷子、胡麻等作物上,受害作物叶片被蚕食后,形成光杆。陇东地区始发代成虫6月初由江淮流域迁入,以2代幼虫在7月上旬至7月中、下旬为害作物。一般迁入蛾量大,5月下旬至6月降水偏多的年份发生较重,以2代幼虫危害最重,3代幼虫危害较轻。粘虫属于远距离迁飞性害虫,高温干旱不利于其生长发育,部分3代蛹羽化后,在当地以成虫形态在杂草、墙缝越冬。

3.防治方法　利用洒有糖醋液的杨柳枝诱杀成虫;小麦收获前可采取挖土沟、撒农药带的方法阻止幼虫迁移;也可用80%敌敌畏乳油1000倍液或20%杀灭菊酯2500倍液,或2%阿维菌素1000倍液,或25%敌杀死1500倍液均匀喷雾,防治时间以下午4~6时最佳,若24小时内遇雨应重新补喷,连续喷2~3次。

## 四、地老虎(图2-40)

1.形态特征

成虫暗褐色,体长16~23mm,肾形斑外有一尖端向外的楔形黑斑,亚缘线内侧有2个尖端向内的楔形斑,3个斑尖端相对;触角雌丝状。幼虫体长37~50mm,黑褐或黄褐色,臀板有两条深褐色纵带,基部及刚毛间排列有小黑点。

2.生活习性与发生规律

成虫有远距离迁飞习性,通常3月份即可诱到成虫,3月下旬至4月上旬为发蛾盛期,一年可发生3~4代。幼虫6龄,1~2龄在作物幼苗顶心嫩叶处咬食叶肉成透明小孔,昼夜为害;3龄前食量较小,4龄后食量剧增。雌蛾每头可产卵800~1000粒,在玉米田间危害幼苗,造成缺苗断垄。

3.防治方法

①在成虫盛发期采用糖醋液进行诱杀;②结合除草,消灭虫卵,减少幼

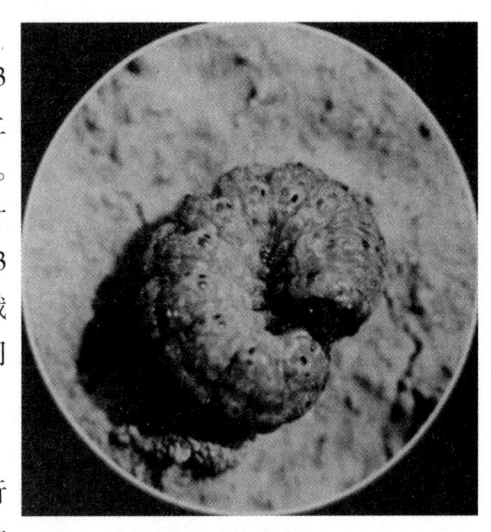

图2-40　玉米地老虎

虫数量。③田间发现虫害后应抓紧在幼虫1~2龄时及时进行药剂防治。防治方法是：每亩用75%辛硫磷1kg加适量水拌细土25kg制成毒土，撒施田间；用90%敌百虫800~1000倍液或2.5%敌百虫粉进行田间喷施。

### 五、蛴螬(图2-41)

图2-41　玉米蛴螬

1.形态特征

蛴螬是金龟甲的幼虫，属鞘翅目，金龟子总科。甘肃省以小云斑金龟子为优势种群，成虫(金龟子)椭圆或圆筒形，体色因种而异，有黑、棕、黄、绿、蓝、赤等，多具光泽。触角鳃叶状是其最主要的特征，足3对。蛴螬体长因种类而异，一般长约30~40mm。乳白色，肥胖，常弯曲成马蹄形(即蛴螬型)。头部大而坚硬，红褐或黄褐色。体表多皱纹和细毛，胸足3对。尾部灰白色，光滑。

2.生活习性

生活史较长，除成虫有部分时间出土外，其他虫态均在地下生活。完成一代的时间一般为1~2年到3~6年。以幼虫和成虫越冬。金龟子有夜出性和日出性之分，夜出性种类多有不同程度的趋光性，夜晚取食为害；而日出性种类则白昼在植物上活动取食，以幼虫咬食玉米细嫩的根部及叶鞘，造成缺苗断垄、

3.防治方法

地膜覆盖以后，土壤温度、水分的变化必然引起地下害虫发生规律的变化，应当引起我们的重视。对于地下害虫连年发生严重的地块，其防治方法有：①土壤处理，可结合播种前整地，每亩用50%辛硫磷乳油或40%甲基异柳磷300~500ml加细干土或水洗砂15kg制成毒土，均匀的撒施到地面并及时耕地或耙地。②药剂拌种，虫害严重的地块可用50%辛硫磷乳油或40%甲基异柳磷按种子重量的0.1%~0.2%拌种。

### 六、金针虫(图2-42)

1.形态特征

金针虫是叩头虫类的幼虫，属鞘翅目，叩头虫科，种类很多。其中细胸金针虫体色淡黄褐色(初孵白色半透明)细长，圆筒形；沟金针虫体色黄褐色(初

孵化时白色），体形较宽，扁平，胸腹背面有1条纵沟。

2.生活习性

分布于我国北方地区，在甘肃省约3年1代。6月中下旬成虫羽化，活动能力强，对刚腐烂的禾本科草类有趋性。6月下旬至7月上旬为产卵盛期，卵产于表土内，卵发育历期8~21天。幼虫喜潮湿的土壤，一般在5月份10cm土温7℃~13℃时，为害严重，7月上中旬土温升至17℃时即逐渐停止为害。主要蛀食玉米的种子、幼茎，钻蛀马铃薯的块茎。

图2-42　玉米金针虫

3.防治方法

地膜覆盖以后，土壤温度、水分的变化必然引起地下害虫发生规律的变化，应当引起我们的重视。对于地下害虫连年发生严重的地块，其防治方法有：①土壤处理，可结合播种前整地，每亩用50%辛硫磷乳油或40%甲基异柳磷300~500ml加细干土或水洗砂15kg制成毒土，均匀的撒施到地面并及时耕地或耙地。②药剂拌种，虫害严重的地块可用50%辛硫磷乳油或40%甲基异柳磷按种子重量的0.1%~0.2%拌种。

## 七、蝼蛄（图2-42）

1.形态特征

非洲蝼蛄在甘肃省为优势种，其成虫体较细瘦短小，长30~35mm，体色较深，呈褐色，腹部颜色较其他部位浅些，全身密被细毛；头圆锥形，触角丝状；前胸背板背面卵圆形，中央有1个明显的长心脏形暗红色凹陷；前足特化成开掘足，腿节内侧外缘缺刻不明显；腹部末端近纺锤形。卵椭圆形，乳白色至暗紫色。若虫多数7~8龄。

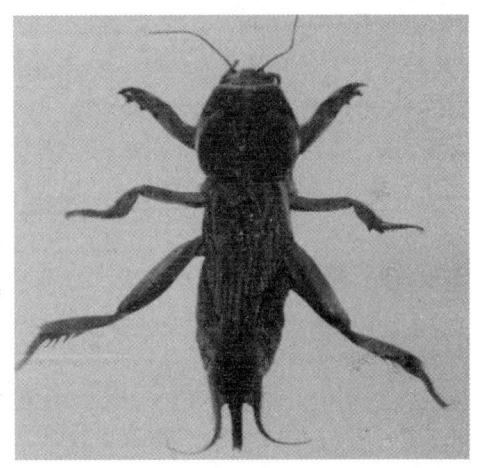

图2-43　玉米蝼蛄

## 2.生活习性

在甘肃省2年发生1代。昼伏夜出,晚9~10时为取食高峰期。成虫趋光性极强,并有强趋香、甜物质习性,对未腐烂有机物也有趋性;初孵若虫有群集性,怕光、怕水、怕风。喜在潮湿的土壤中生活,在沟渠两边、沿河两岸和菜地低洼处、水浇地等处栖息,成、若虫咬断小麦、玉米嫩茎和根系,受害植株附近常有钻蛀的隧洞口。

## 3.防治方法

地膜覆盖以后,土壤温度、水分的变化必然引起地下害虫发生规律的变化,应当引起我们的重视。对于地下害虫连年发生严重的地块,其防治方法有:①土壤处理,可结合播种前整地,每亩用50%辛硫磷乳油或40%甲基异柳磷300~500ml加细干土或水洗砂15kg制成毒土,均匀的撒施到地面并及时耕地或耙地。②药剂拌种,虫害严重的地块可用50%辛硫磷乳油或40%甲基异柳磷按种子重量的0.1%~0.2%拌种。

# 第三节 草害及防治

## 一、种类

玉米地主要的杂草有:一年生的野稗、牛筋草、绿狗尾草、画眉草、苍耳、藜、律草、马齿苋、越年生的黄蒿;多年生的车前草、刺儿菜、苣荬菜、小旋花和莎草等。

在玉米地杂草中,危害性最大、最难防治的是具有地下根茎的多年生杂草。因为它的地下根茎被切断之后具有再生能力;水花生、马齿苋和禾本科的杂草也是难以消灭的,同样是它们具有很强的再生能力,比较好治的是阔叶一年生杂草。

## 二、防治方法

玉米杂草的防治方法有人工、畜力除草和化学除草等三种方式。由于玉米生育期间正值高温、高湿季节,人工、畜力除草十分困难,而且除草效果也不理想。因为人工、畜力除草,草锄下后若不运出,则很快又重新生长。采用化学除草的方法简便易行,省工省力,所用成本与人工除草相比要低,除草效果也好,一般能达到90%以上,且能做到防治一次,可保持全生育期地里很少长草。此外,化学除草可减少田间作业伤苗,化学除草一般是播后、出苗前喷药,对幼苗没有损伤。而畜力除草时,由于行不直或牲畜不走不正,往往会出现伤苗和压苗的现象。

玉米常用的除草剂是阿特拉津、拉索、草净津、乙草胺、除草通、杜尔、绿麦隆等。其中效果最好的是阿特拉津,但是由于玉米一般是与小麦轮作,玉米收获后接种小麦,而小麦对阿特拉津反应敏感,用药过量易导致小麦死苗,所以生产上一般将阿特拉津与其它除草剂混用。

玉米不同的生育期化学除草应采用不同的方法。一般在玉米播种后出苗前在土壤表面喷施除草剂,可用72%的2,4-滴丁酯150~200g;或用50%的西玛津可湿粉剂、50%的阿特拉津粉剂,春玉米每亩喷施400g,夏玉米每亩喷施150~200g。如采用绿麦隆每亩用量200g;25%的敌草隆每亩用量200~300g。而在玉米进入拔节期后,可用72%2,4-滴丁酯每亩50~70g;或用80%的2,4-滴钠盐每亩75~100g喷雾。如采用飞机喷洒,每亩加水3~4kg;采用拖拉机悬挂式喷洒,每亩加水10~20kg;背负喷雾器每亩加水40~50kg。

化学除草剂的效果与土壤表层的含水量关系很大。土壤湿润则化学除草剂效果好,土壤干燥则化学除草效果不佳。所以当土壤墒情不足时,不要在播后勉强喷药,可以等玉米出苗后,待下雨或灌溉后再喷药。

化学除草剂一般都具有毒性,故在进行喷药过程中要尽量避免除草剂与身体的接触。完成喷药后,要用清水洗手、洗脸和更换衣服。

★知识链接★
## 玉米营养失衡图文详解
一、失衡缺氮

氮是生成玉米蛋白质、叶绿素等重要生命物质的组成部分;玉米对缺氮反应敏感,首先表现为下位叶黄化,叶尖枯萎,常呈"V"字形向下延展。

旱作农业生产技术

图2-44 下位叶黄化呈"V"字形，叶尖枯萎

图2-45 施氮区　无氮区

图2-46 成熟时氮过量缨为绿色

图2-47 氮在全生育期都很重要，关键时期缺氮，会使得穗小，蛋白质含量低，穗尖籽粒不饱满

二、失衡缺磷

图2-48 缺磷玉米　叶片呈深绿色

图2-49 玉米缺磷叶紫、穗小、成熟晚　施磷　缺磷

图 2-50　　　　　　　　　　　图 2-51

## 三、失衡缺钾

钾是玉米重要的品质元素。钾可激活酶的活性,促进光合作用,加快淀粉和糖的运转,防止病虫害侵入,增强玉米的抗旱能力,提高水分利用率,减少倒伏,延长贮存期,提高产量和品质。玉米缺钾出苗几周即出现症状,下位叶尖和叶缘黄化,老叶逐渐枯萎,节间缩短;生育延迟,果穗变小,穗顶变细不着粒或籽粒不饱满,淀粉含量降低,穗易感病。

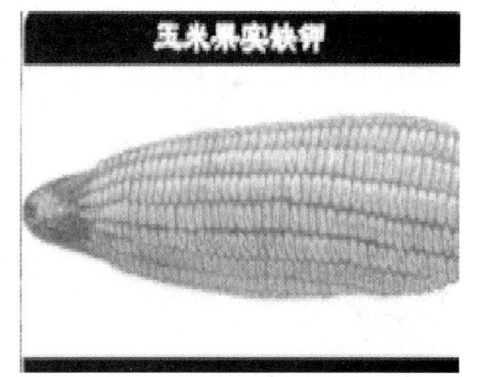

图 2-52　　　　　　　　　　　图 2-53

## 四、失衡缺铁

玉米缺铁,叶片脉间失绿,呈条纹花叶,心叶症状重;严重时心叶不出,植株生长不良,矮缩,生育延迟,有的甚至不能抽穗。

玉米缺铁叶脉间失绿呈条纹花叶

图2-54

### 五、失衡缺锌

玉米缺锌苗期花白苗,称为"花叶条纹病"、"白条干叶病"。缺锌玉米3-5叶期呈淡黄至白色,从基部到2/3处更明显。拔节后叶片中肋和叶缘之间出现黄白失绿条斑,形成宽而白化的斑块或条带,叶肉消失,呈半透明状,似白绸或塑膜状,风吹易撕裂。老叶后期病部及叶鞘常出现紫红色或紫褐色,节间缩短,根系变黑,抽雄延迟,形成缺粒不满尖的玉米棒。

玉米缺锌花白苗称花叶条纹病

图2-55

### 六、失衡缺镁

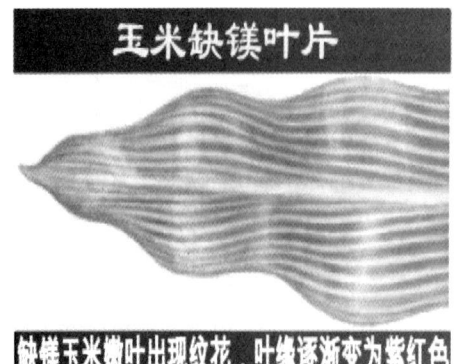

玉米缺镁叶片

玉米叶片缺镁典型症状

缺镁玉米撒叶出现纹花,叶缘逐渐变为紫红色

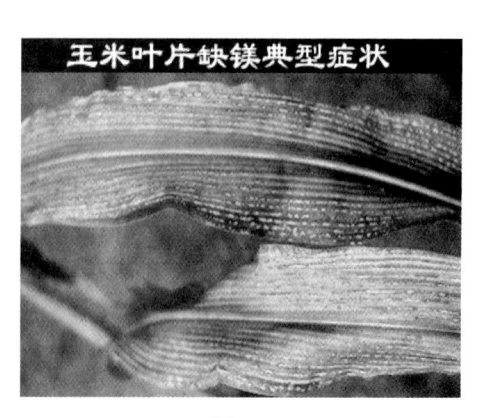

图2-56　　　　图2-57

## 七、失衡缺钙

玉米缺钙叶缘出现白色斑纹,常出现锯齿状不规则横向开裂,顶部叶片卷筒下弯呈"弓"状,相邻叶片 常粘连,不能正常伸展。

图 2-58

## 八、失衡缺硼

玉米缺硼时幼叶展开困难,叶脉间呈现宽的白色条纹;茎基部变粗、变脆。严重时雄穗生长缓慢或很难抽出;果穗的穗轴短小,不能正常授粉。果穗畸形,籽粒行列不齐,着粒稀疏,籽粒基部常有带状褐疤。

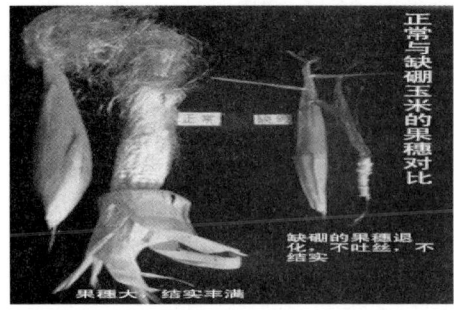

图 2-59　　　　　　图 2-60

## 九、失衡缺铜

图 2-61　　　　　　图 2-62

## 十、失衡缺锰

玉米缺锰，新叶出现淡橄榄绿色并从脉间逐渐失绿呈条纹状，叶脉保持深绿色，这与缺铁相似；叶片柔软下披，缺锰玉米抽雄期根系纤细长而色白。

图2-63

## 十一、失衡缺硫

玉米缺硫整株褪淡、黄化、色泽均匀。叶脉间黄化，随后茎和叶变红。红色始于叶缘，逐渐向中部蔓延。老叶保持绿色。

图2-64

★复习思考题★

1.玉米穗腐病的主要发病规律是什么？

2.玉米地下害虫防治办法有哪些？

模块二：玉米栽培技术

# 第七章　旱作区玉米生产配套农机具简介

• 学习任务及指导 •

1. 掌握起垄全铺膜施肥联合作业机使用方法。
2. 认识穗茎兼收型立式割台玉米收获机及使用。
3. 认识自走式玉米收割机及使用方法。

## 第一节　起垄覆膜、施肥喷药机械

### 一、圆盘式全膜双垄沟铺膜机（图2-65）

本产品可一次性完成开沟、起垄、整形、全铺膜、垄沟压膜、膜边覆土等工序，由牵引架、挂膜架、压膜滚、整形器、起垄器、两边压膜轮、覆土圆盘、刮土刷、座架、调节手柄、中间压膜轮组成。

配套动力微耕机、手扶拖拉机、四轮拖拉机，驾驶座机构实现了机手坐在驾驶坐上操作，适合旱作农业区使用，生产率4-6亩/小时。主要技术参

图2-65　圆盘式全膜双垄沟铺膜机

数如下：外形尺寸(长×宽×高(mm) 1720×1400×700；整机质量(kg)98；起垄器形式：蝙蝠式；覆膜宽度(mm)：1200。

063

## 二、筒式全膜双垄沟起垄铺膜机(图2-66)

本产品可一次性完成开沟、起垄、整形、全铺膜、垄沟覆土、膜边压模等工序。由机架、调节螺母、起垄器、地轮、牵引架、调节手柄、轴承座、链条、链轮、挂膜架、座架、滚筒空、分土滚筒、覆土圆盘组成,适合西北干旱地区抗旱保墒,提高农作物产量30%~35%,是一种有效抗旱增产的新机具。主要技术参数如下:外形尺寸

图2-66 筒式全膜双垄沟铺膜机

(长×宽×高(mm) 1250×1400×650;2.整机质量(kg)81;起垄器形式:蝙蝠式;覆膜宽度(mm):1200;生产($hm^2$/h) 0.36~0.50;配套动力5.88-11kw手扶拖拉机。

## 三、牵引自动上土式全膜双垄沟施肥铺膜机(图2-67)

本产品可一次性完成开沟、起垄、整形、输送带自动上土、施肥、全铺膜、自动垄沟线覆土、膜边覆土压膜等工序,由座架、垄边分土槽、垄沟分土槽、整形器、挂膜架、开沟器、机架、什运装置、变速箱组成。配套动力微耕机、手扶拖拉机、四轮拖拉机,实现了起垄铺膜全程机械化作业,适合旱作农业区使用,生产率4-6亩/小时。

图2-67 牵引自动上土式全膜双垄沟施肥铺膜机

外形尺寸(长×宽×高(mm)1350×1900×710;2.整机质量(kg)118;起垄器形式:开沟式;上土形式:输送带;覆膜宽度(mm):1200;生产($hm^2$/h) 0.36~0.51;配套动力8.8-11kw手扶拖拉机;生产厂家:定西市三牛农机制造有限公司。

## 四、双垄沟施肥全铺膜机(图2-68)

本产品可一次性完成开沟、起垄、整形、螺旋自动上土、施肥、全铺膜、自动垄沟线覆土、膜边覆土压膜等工序,由悬挂架、垄边分土槽、垄沟分土槽、整形器、挂膜架、开沟器、机架、螺旋什运装置、变速箱组成。配套动力微耕机、手

扶拖拉机、四轮拖拉机,实现了起垄铺膜全程机械化作业,适合旱作农业区使用,生产率4-6亩/小时。外形尺寸(长×宽×高(m) 1.1×1.4×1.1;2.整机质量(kg) 178;起垄器形式:开沟式;上土形式:螺旋式;覆膜宽度(mm):1200;生产(hm²/h) 0.40~0.55;配套动力8.8-11kw手扶拖拉机;生产厂家:定西市三牛农机制造有限公司。

图2-68 双垄沟施肥全铺膜机

### 五、1MLQS—40/70起垄全铺膜施肥联合作业机(图2-69)

该机的配套动力是有后动力输出轴的13.3KW~22KW(18~30马力,输出转速:730转/分钟)小四轮拖拉机。该机可一次完成开沟、起垄、整形、铺膜、施肥、覆土、压膜等联合作业,机具机构紧凑,工作可靠,作业质量好,使用调整方便。

图2-69 1MLQS—40/70起垄全铺膜施肥联合作业机

## 第二节 播种机械

### 一、2BY-2型玉米点播机(图2-70)

该机适合于玉米双垄沟全铺膜双行点播种植,由操作手柄、两个排种点播器、转动连接轴、种子箱、鸭嘴等部件组成,主要技术参数:外形尺寸(长×宽×高(mm) 1000×1050×500;整机质量(kg) 26;行距400mm;株距120~600mm。生产厂家:定西市三牛农机

图2-70 双排点播器

制造有限公司。

## 二、2BY-1型玉米点播机(图2-71)

该机适合于玉米双垄沟全铺膜单行点播种植,由操作手柄、排种点播器、转动连接轴、种子箱、鸭嘴等部件组成,主要技术参数:外形尺寸(长×宽×高(mm)1020×500×500;整机质量(kg)16;行数1行;株距120~600mm。生产厂家:定西市三牛农机制造有限公司。

图2-71 单排点播器

# 第三节 收获机械

## 一、穗茎兼收型立式割台玉米收获机(图2-72、图2-73)

工艺特点:自行开道进地开始收获作业—将玉米整株从根部以上适当位置(在一定高度范围内可调)切断—拉茎链将切断的玉米植株(带果穗)拉向立式摘穗辊摘穗—立式摘穗辊摘穗。此时作业路线分为两路:一路:被摘下的果穗掉入果穗推运器被运至剥皮机剥皮—剥皮后的果穗进入果穗

图2-72 穗茎兼收型立式割台玉米收获机

箱;另一路:摘下果穗后的玉米茎秆被拉入立式摘穗辊后方,进行切碎处理收集或集中铺放。

1.较卧式摘穗辊尺寸小巧,耗材少,重量轻,结构简单紧凑,易维修。

2.高质量的穗茎兼收,秸秆站立喂入割台,先割断秸秆后收果穗和秸秆,收集的秸秆不含杂土易多用途利用。

3.立辊摘穗,不损伤籽粒,籽粒破损率和损失率低(低于1%)。

## 模块二：玉米栽培技术

4.其回收秸秆的突出特点,即将秸秆割断拉入割台后面进入收获机机器内,使得秸秆干净无杂土,同时可以对秸秆根据收集利用的需要灵活处置：即可以粉碎还田,还可以粉碎收集,还可以整株成行铺放,还可以根据需要进行纵向划切成条丝状,秸秆切碎长度可以任意调整。

5.秸秆割断后夹持链和立式摘穗辊将其拉入机器内,用纵向划切刀或横向铡切刀处理秸秆,较传统的卧式摘穗机构摘穗后用秸秆粉碎机粉碎秸秆比较,即避免了秸秆中带土,处理效果和方法还增多,同时又大大节省了动力。据试验证明,同样收获行数的两种形式的收获机,这种立式收获台的收获机,消耗动力节省20%~30%。

图2-73 穗茎兼收型立式割台玉米收获机

6.进地作业的第一道工序,既是将玉米秸秆切断喂入机器内,不用象卧式摘穗台那样要由站立在田里的秸秆辅助摘穗,所以可以实现不对行收获,广泛适用于各地各种不同种植模式玉米的收获。

7.收获效率高,收获效率是同马力、同宽幅卧式收获台机型的1.5倍。

8.一机多用,立式摘辊机型即适用于普通的摘穗及秸秆还田,还可用于穗茎兼收（玉米剥皮或脱粒,秸秆切碎回收）、玉米青贮收获（籽粒单独收获破瓣再与秸秆粉碎混合）等各式收获作业。

## 二、自走式玉米收割机（图2-74、图2-75）

工艺特点：①适应性好。整机尺寸小,轴距短,转向半径小,地头转弯灵活,节省无效时间；采用辊式摘穗台,摘穗效果好,断茎秆少,更适合中原区域作业；前置还田机,避免轮胎压秸秆,还田彻底,秸秆无遗漏。②作业效率高。

图2-74 自走式玉米收割机　　图2-75 自走式玉米收割机

配备140马力名优发动机,动力充沛;采用四组高低复合式剥皮辊,剥皮效果好,籽粒损失少,像胶辊采用行业最优材质,耐磨性好;可选装苞叶粉碎机,苞叶直接打碎,效果更;采用双向搅龙清选系统,可有效的分离苞叶和籽粒,大大降低了籽粒损失率。③可靠性高。采用封闭边减驱动结构,比传统齿圈结构可靠性提高50%以上;整机核心部件全面实现自制,整体可靠性更高。

★复习思考题★

1. 我省旱作区常用的覆膜施肥机械主要有哪些类型?
2. 自走式玉米收割机有何特点?

# 模 块 三

# 小麦栽培技术

# 第一章 小麦生产概况

● 学习任务及指导 ●
1. 对照当地的气候和生态条件，明确当地所属种植区域。
2. 掌握当地小麦种植特点。

小麦是世界主要的粮食作物之一，全世界有1/3以上的人口以小麦为主粮。小麦籽粒中含有人类所必需的营养物质，其中碳水化合物含量67.5%~75%，蛋白质8%~15%，脂肪1.5%~2%，矿物质1.5%~2%，以及各种维生素等。小麦特有的化学组成、独特的面筋蛋白和丰富的营养成分，使其可制作具有良好的黏弹性、胀发性和延展性的各种面食。麦麸是优良的精饲料，麦秆是编制、造纸的好原料。

小麦在农业生产中占有重要地位。第一，小麦可以利用冬春季节生长发育，既可与水稻、旱粮等作物轮作，又可和油菜、豌豆、绿肥、耐寒蔬菜等冬作物间作，还可和棉花、花生、玉米等春作物套种，提高复种指数，增加作物的年产量。第二，小麦具有广泛的遗传基础，有着多种形态和生态变异，丰富多样的栽培类型和广泛的适应性，对温、光、水、土的要求范围较宽。第三，小麦（特别是冬小麦）生长周期长，灾后补偿能力强，措施调控余地大，有助于稳产高产。第四，各项田间管理、收获、加工等作业易于实行机械操作，劳动强度低、劳动生产率高。

## 一、甘肃小麦生产概况

甘肃地处黄土高原、青藏高原和内蒙古高原交汇地带，生态类型复杂，气候条件多样。小麦是甘肃省主要粮食作物之一，种植区域遍布全省各地。陇东、天水、陇南地区主要种植冬小麦，陇中和河西地区主要种植春小麦。在陇山以西至岷山一带，冬、春小麦交错种植，形成一个冬、春小麦兼种区。21世纪以前，小麦一直是甘肃省第一大作物，常年播种面积在2200万亩左右，冬、春小麦各占一半。进入新千年以来，随着全省种植业结构的调整，加之小麦种植比较效益低等因素的影响，甘肃省小麦面积逐年下降。据统计，2014年，甘肃省小麦播种面积仅为1184.34万亩，其中冬小麦870.86万亩，春小麦313.49万亩，春小麦面积缩减了2/3。

由于各地自然条件、耕作栽培制度、品种类型不同，产量水平存在很大差异。陇东地区大部分为山塬旱地，土层深厚，降雨量比较丰富，一般在300~500mm之间，因此，小麦产量比较高，可以达到300kg/亩左右。天水地区冬小麦主要以旱地为主，降雨量550mm左右，小麦产量250kg/亩。陇南山旱地冬小麦产量300kg/亩左右。陇中地区主要种植旱地春小麦，产量在200kg/亩左右。河西及沿黄灌区由于光热资源丰富，降雨稀少，小麦生产主要依靠灌溉，产量水平高，可达500kg/亩左右。

## 二、甘肃小麦栽培特点

(一)种植区域广泛，四季都有小麦生长

甘肃省属全国冬、春小麦过渡地带，既种植冬小麦，也种植春小麦。冬小麦主要分布在陇东、天水和陇南地区，春小麦主要分布在陇中、沿黄和河西地区。在冬春小麦衔接的陇山以西至岷山一带，两者交错种植，形成一个冬、春小麦兼种区，是全国冬、春小麦分界限的主要地区之一。所以，在小麦生产上有严格的区域性。

全省境内冬、春小麦播种期自始至终历时各有两月之多，收获期延续三至四个月左右。一些高山冷凉地区的冬小麦生育期长达一年，个别地区甚至未收即种，播种需用前一年收获的种子。这种在全省境内一年四季都有小麦生长，春、夏、秋三季都有种麦和收麦的生产方式，在全国各省(区、市)中是不多见的。

(二)种植面积大，分布不平衡

甘肃省小麦种植面积大。"十二五"时期全省种植小麦1300~1200余万亩，这五年是一个转折时期，从2012年起玉米替代小麦成为甘肃省粮食作物之首，种植总面积居全国各省(市、区)第九位，是全国主要麦区之一。但由于小麦种植区之间的地势、气候和生产条件不同，小麦面积分布和产量水平差异很大。陇东地区小麦面积为480万亩左右，占全省麦田总面积的32%，居第一位。陇南地区，小麦面积为380万亩左右，占全省麦田总面积的25%。陇中地区小麦面积为340万亩左右,占全省麦田面积的23%。陇西南地区的临夏等地,小麦面积为80万亩左右。河西地区小麦种植面积为220万亩左右,是全省小麦高产区,平均亩产500kg左右,居全省第一位。

(三)生态类型复杂,品种资源丰富

甘肃省小麦种植历史悠久,分布地域很广,在冬、春小麦各产区之内,由于不同气候、土壤和耕作等因素的长期影响,经过自然和人工选择,形成了多种多样的小麦生态型。

据统计,全省现有编入品种资源目录的小麦品种资源6714个(地方品种815个,育成品种866个,引进品种5033个),其中冬性品种1215个(地方品种477个,育成品种273个,引进品种465个)分属于普通、密穗、圆锥、硬粒、波兰、波斯小麦等6个种和44个变种。

(四)作物轮作以小麦为主,小麦种植以豆茬、正茬和旱作为主

小麦是甘肃省播种面积第二大作物,分布地域最广的夏收早熟作物,既可与其它春播作物间作套种和轮作,又是复种多种小秋作物的良好前茬,所以小麦就成为甘肃省农作物轮作倒茬中的主要作物。长期生产实践证明,只要把小麦茬口安排好,其他作物的轮作就能倒顺茬口,达到用地和养地结合的目的。

全省小麦栽培多以旱作为主,为了充分利用甘肃省夏秋雨热同季资源,作好蓄水保墒,以防冬春干旱对小麦生长影响,一般都是在前茬作物收后,实行伏、秋早耕深耕、灭草晒土、接纳雨水、雨后适时耖耙收墒,以及冬、春进行镇压、耙糖保墒,以便最大限度地蓄足天上雨,保住土中墒,达到"伏雨春用"之目的。同时重视在小麦拔节前后,做好中耕除草和水肥等田间管理工作,以满足小麦对水肥的需要,夺取高产。

# 第二章 小麦的生育时期划分

•学习任务及指导•
1.理解和掌握小麦生育期和生育时期的概念。
2.掌握小麦各生育时期和生育阶段的特点,在生产中充分利用其特点。
3.结合当地实际,发挥资源优势,指导小麦生产。

## 第一节 生育期和生育时期的概念

### 一、生育期

小麦从种子萌发、出苗、生根、长叶、拔节、孕穗、抽穗、开花、结实,经过一系列生长发育过程,到产生新的种子,构成小麦的一生。小麦从播种到成熟所需的日数叫小麦的生育期。小麦的生育期长短因品种特性,种植区的生态条件(纬度、海拔等)、耕作制度及播期的不同,差异很大。甘肃省不同地区间,小麦的生育期相差在160天左右。甘肃省冬小麦生育期一般在260天左右,春小麦生育期一般在100天左右。

### 二、生育时期

在小麦的一生中,小麦的形态特征、生理特性等各方面都发生了一系列变化。为了小麦栽培和研究的方便,人们根据小麦一生中器官形成的顺序和便于掌握的明显变化特征,将小麦划分为不同的生育时期,作为生长发育的判别和指导农业生产的依据。掌握小麦生长发育各时期、各阶段的特点及其变化规律,是采取正确而灵活的高产栽培技术措施的重要理论基础。

## 第二节　小麦生育时期

小麦的生命周期是从种子萌发开始,在生长发育过程中,经过建成器官,到结出种子和植株衰老死亡。在生命周期内生长发育是连续进行的,单株生育的不同阶段形成的器官不同,体内生理活动也在不断变化。人们为了研究栽培管理的方便,根据生长发育过程中一些明显的形态表现或生理特点,把小麦的一生划分为若干生育时期和生育阶段。

### 一、小麦的生育时期划分

冬小麦的一生按生育进程大致分为12个时期:出苗期、三叶期、分蘖期、越冬期、返青期、起身期、拔节期、孕穗期(挑旗)、抽穗期、开花期、灌浆期、成熟期。春小麦的一生大致分为8个时期:出苗期、分蘖期、拔节期、孕穗期(挑旗)、抽穗期、开花期、灌浆期、成熟期。

### 二、各个生育时期阶段界定标准

1. 出苗期

小麦的第一片真叶露出地表2cm为出苗,以50%幼苗出土为标准。

2. 三叶期

田间50%以上的麦苗,主茎节三片绿叶伸出2cm左右的日期,为三叶期。

3. 分蘖期

田间有50%以上的麦苗,第一分蘖露出叶鞘2cm左右时,记为分蘖期。

4. 越冬期

北方冬麦区冬前平均气温稳定降至0℃~1℃,麦苗基本停止生长时,即为越冬期。

5. 返青期

北方冬麦区翌年春季气温回升,麦苗叶片由青紫色转为鲜绿色,部分心叶露头时,为返青期。

6. 起身期

翌年春季麦苗由匍匐状开始挺立,主茎第一叶叶鞘拉长并和年前最后叶叶耳的长度相差1.5cm左右,主茎年后第二叶接近定长,内部穗分化达二期、基部第一节开始伸长,但尚未伸出地面,为起身期。

7. 拔节期

全田50%以上植株茎部第一节露出地面1.5~2cm时,为拔节期。

8. 孕穗期(挑旗)

全田50%分蘖旗叶叶片全部抽出叶鞘,旗叶叶鞘包着的幼穗明显膨大为孕穗期。

9. 抽穗期

全田50%以上麦穗(不包括芒)由叶鞘中露出1/2时,为抽穗期。

10. 开花期

全田50%以上麦穗中上部小花的内外颖张开、花药散粉时,为开花期。

11. 乳熟期(灌浆期)

籽粒开始沉积淀粉、胚乳呈炼乳状,约在开花后10天左右,为乳熟期。

12. 成熟期

胚乳呈蜡状,子粒开始变硬时为成熟期,此时为最适收获期。接着籽粒很快变硬,为完熟期。

三、小麦的生长阶段

人们为了研究或安排较长一段时间内小麦生长发育问题或麦田管理措施,把小麦的一生划分为几个大的生长阶段。由于研究目的和用途不同,划分方法、阶段数目和名称、起止时期和标志也各有差异。国内外对生长阶段的划分主要有两段划分法、三段划分法、四段划分法和五段划分法等。目前在研究和生产实际中大多沿用三段划分法(图3-1)。在三段划分法中,依据营养器官和生殖器官分化的生长特征,小麦生长阶段可划分为营养生长(从种子萌发到幼穗分化)、营养生长和生殖生长并进(从幼穗分化到抽穗)和生殖生长(从抽穗到开花)三个阶段。依器官建成和对产量构成的作用可划分为幼苗阶段(从出苗到起身)、器官建成阶段(从起身到开花)和籽粒形成阶段(从开花到成熟)等阶段。自种子萌发开始到幼穗分化开始之前,是长根、叶等营养器官的阶段,为纯粹的营养生长时期,这一时期通常较短;从幼穗分化开始到抽穗,一方面进行幼穗分化和发育;另一方面又长叶、长根,发生大量的分蘖,茎秆伸长和长粗,为营养生长和生殖生长并进的时期,这一时期延续的时间较长;抽穗以后,根、茎、叶、蘖的生长都已停止,是开花受精、籽粒形成和灌浆的阶段,称为生殖生长期。

(一)营养生长阶段

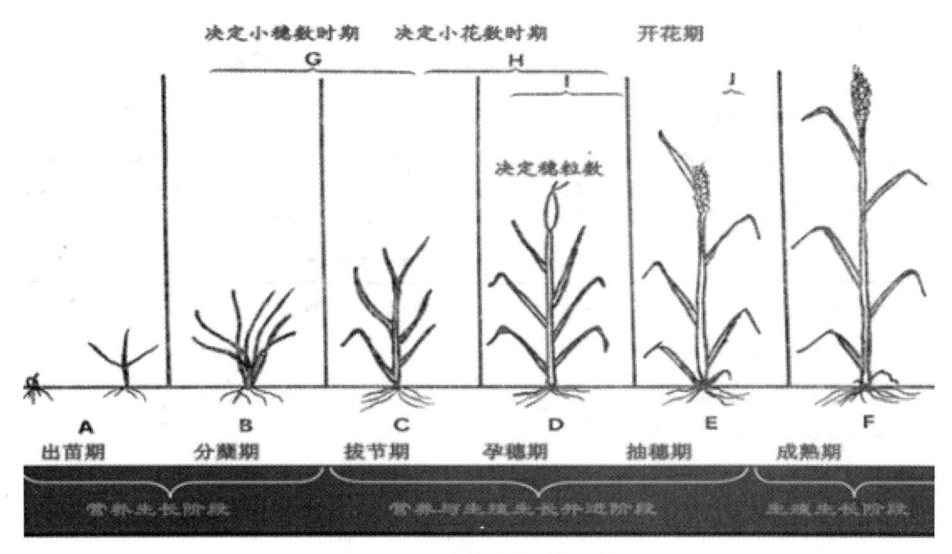

图3-1 小麦的生育时期划分

小麦从种子萌发至幼穗开始分化之前为营养生长阶段。此期主要是生根、长叶和分蘖。小麦从第一片真叶伸出芽鞘以后,幼苗就由胚乳营养(异养生长)向独立营养(自养生长)过渡,这时幼苗弱小,只有一片绿叶进行光合作用,主要靠胚乳供给营养物质。由于当时温度较高,第二、第三片真叶很快出现,到三叶期时,整个胚乳中的养分已耗尽,幼苗开始由胚乳营养转向独立营养,此时称为"断奶期"。断奶期是小麦营养生理上的一个重要转折点。从出苗到三叶期,一般经历12~15天。

1. 根

根系在小麦生命活动中,不仅吸收养分和水分,起固定作用,也参与物质合成和转化过程,小麦的根系属于须根系,由初生根群(种子根或胚根)和次生根群(节根、不定根)组成。小麦的初生根一般3~5条,多者可达7~8条。次生根着生于分蘖节上,三叶期之后,自下而上陆续发生,次生根的发生与分蘖的增加有密切关系,条件适宜时每长出一个分蘖,在同一节上长出2条次生根。次生根的发生有两个高峰期,一是冬前分蘖盛期,二是拔节始期,小麦的根群主要分布在0~40cm耕层。

2. 叶

叶是小麦进行光合作用、呼吸作用、蒸腾作用的主要器官。小麦一生中由主茎分化的叶片数因品种、播种期和栽培条件而不同,可把主茎叶片数分为遗传决定的基本叶数和环境影响的可变叶数两部分,不同生态型品种主茎叶片数有较大不同。春性品种的叶数较少,冬性品种的叶数较多,同一品种早播的叶数较多,晚播较少。西部麦区根据着生位置和作用功能不同可分为两类:一类是近根叶组,小麦在播期适宜,肥水充足情况下,一般有8~9片近根叶,密集着生在分蘖节上。其中冬前近根叶约6~7片,主要作用是促进冬前分蘖发根,形成壮苗,为安全越冬与返青生长奠定了基础,越冬后相继死亡,另有1~2片近根叶返青后长出,主要促进返青后分蘖发根,壮秆大穗,拔节后功能衰退,孕穗期死亡,第二类是茎生叶组,着生在伸长的茎节上,一般5片左右。主要作用是促进茎秆伸长充实。小穗小花发育,促粒多,粒大、粒重。其功能在灌浆和成熟期开始衰退。

3.分蘖

分蘖是小麦的重要生物学特征之一。分蘖的多少、生长的壮弱,对群体的发展与成穗多少有密切的关系。小麦的分蘖发生在分蘖节上。分蘖节是植株地下部不伸长的节间、节和腋芽等紧缩在一起的节群。幼苗时期,分蘖是有一定顺序的,一般是以主茎为中心在分蘖节上由下而上逐步发生,直接从主茎叶腋处长出的分蘖叫一级分蘖;从一级分蘖叶腋处长出的分蘖叫二级分蘖;依次类推。小麦进入越冬期壮苗和旺苗的标准,冬性和半冬性品种主茎叶龄6~7叶时为壮苗,达到8叶时即为旺苗,有可能提前拔节,春性品种5~6叶为壮苗,7叶时为旺苗。

有效分蘖:最后能形成穗的分蘖叫有效分蘖。越冬前所产生的分蘖,通常有50%~80%可以成穗,成为有效分蘖。只有在迟播分蘖少、冬前无分蘖或稀薄麦田,才有一部分分蘖可成穗。

无效分蘖:最后不能抽穗或抽穗而不结实的分蘖叫无效分蘖。

(二)营养生长和生殖生长并进阶段

小麦自幼穗开始分化到抽穗是营养生长和生殖生长并进阶段,此阶段经历分蘖期、幼穗分化期、拔节期、孕穗期和抽穗期5个时期。其生长特点是幼穗分化与根、茎、叶、分蘖的生长同时并进,主要是茎、穗发育为中心。小麦从出现第四片真叶开始分蘖,称为分蘖始期,以后分蘖不断增加,称为分蘖期。越冬期间由于温度较低,甘肃大部分冬麦区分蘖停止;开春以后,随着温度不断回升,麦苗同化作用加强,生长日趋旺盛,分蘖数量不断增加,达到小麦一生中分蘖最高的数量,称为分蘖高峰期;拔节期分蘖开始进入两极分化,分蘖不再增加,称为分蘖末期。幼穗分化期从开始幼穗分化起到抽穗为止,通常可分为伸长期、单棱期、二棱期、护颖分化期、小花分化期、雌雄蕊分化期、药隔形成期、四分体形成期和花粉粒形成期等9个时期。本时期在陇东麦区,大约100~120天。

1.茎秆

茎秆由茎节和节间组成。具有支持、疏导、光合和储藏作用。茎节可分为地上节和地下节两部分,地下节不伸长构成分蘖节,密集于土壤中。地上节伸长通常是4~6个节间。一般为5个节间,分蘖的地上节间数常等于或小于主茎。主茎的高度因品种和栽培条件不同而不同,低者60~70cm,高者达140~150cm,一般以80~90cm为宜。

2.小麦的穗分化

根据形态特征与分化进程,常将穗分化过程分为8个时期,即生长锥伸长期,单棱期(穗轴节片分化期),二棱期(小穗原基分化期),颖片原基分化期,小花原基分化形成期,雌雄蕊原基分化形成期,药隔形成期,四分体形成期(图3-2)。研究表明,单棱期至小花原基分化期是争取小穗数的关键时期,小花原基分化至四分体形成期是防止小花退化、提高成花数和结实率的关键时期。因此生产上要促进穗大、粒多,必须围绕上述器官形成规律正确运用栽培措施。

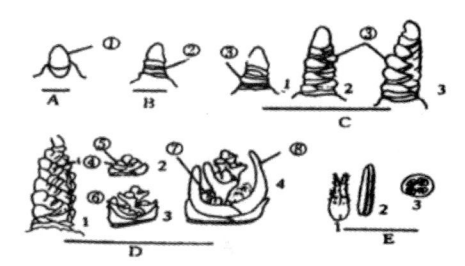

说明:A.生长锥伸长期;B.单棱期;C.二棱期;1.前期2.中期3.末期D.小花分化期:1.小花分化初期的幼穗2.小花分化期的一个小穗3.雌雄蕊形成期的一个小穗4.花药分室的一个小穗;E.性细胞形成期:1.性细胞形成期的雌蕊2.性细胞形成期的雄蕊3.四分体:①生长锥,②苞叶原基,③小穗原基,④外颖原基,⑤小花原基,⑥雄蕊原基,⑦花药已分室的雄蕊原基,⑧芒原基

图3-2 小麦幼穗分化过程

经过分化过程形成的麦穗属于复穗状花序,由穗轴和小穗组成。小穗互生,通常每个小穗有3~9朵小花,但只有2~3朵或3~4朵小花花器发育完善能够开花结实。

(三)生殖生长阶段

是指从开花授精经籽粒形成到籽粒成熟的这段时间。以籽粒形成和灌浆为主。小麦一般在抽穗后3~6天开花。一个麦穗开花时间约3~5天,一块麦田持续6~7天。小麦是自花授粉作物,天然杂交率一般不超过0.4%,千粒重日增量1~1.5g,一般从开花到成熟需30~38天。根据籽粒的充实过程,籽粒成熟可分为乳熟期、蜡熟期和完熟期。这一段时间的长短,因地区、品种和栽培技术的不同有很大差异,如在陇东地区一般为40~50天,但在甘肃中部地区可长达近2个月。

在作物生理范畴中,营养生长与生殖生长阶段的划分通常是以幼穗分化开始为界限的,在幼穗分化以前为营养生长阶段,之后为生殖生长阶段。但对小麦来说,纯粹的营养生长阶段是很短暂的,而绝大部分时间是营养生长和生殖生长同时进行。因此,营养生长和生殖生长的关系错综复杂。在幼苗分化初期、中期,如果肥水供应过多,氮素代谢过旺,碳水化合物积累太少,就会使营养生长过旺,发生茎叶徒长,影响幼穗分化;相反,如果肥水供应不足,氮素代谢太弱,又会使营养体生长过小,碳素同化作用削弱,也不利于幼穗分化。

总之,小麦的三个生长阶段决定着小麦各部分器官的建成和产量因素(穗数、粒数、粒重)的形成,既有连续性,显示了一定的阶段性。前一阶段是后一阶段的基础,后一阶段是前一阶段的发展。由于三个阶段各有不同的生长中心,因此不同阶段的栽培管理目标也不相同。这就要求我们在小麦生产中需采取合理、及时的田间管护措施,确保小麦生长各阶段的合理转化和发育。

## 第三节　小麦的阶段发育

小麦植株在量方面的增长叫生长。小麦植株生活周期必需经历的内在生理质变过程叫发育。完成某一阶段的发育必须经历由量的增长到质变的过程。小麦每一特定的发育阶段严格要求一定的外界条件,当所要求的条件不能满足时,这一发育阶段的内在生理质变就不能顺利进行或完成,小麦的发育就会延迟或停止。小麦的阶段发育具有顺序性和不可逆性,通过发育阶段的质变都发生在茎生长点。小麦一生中和生产密切相关的是春化阶段和光照阶段。

### 一、春化阶段

小麦种子萌动以后,其生长点除要求一定的综合条件外,还必须通过一个以低温为主导因素的影响时期,才能抽穗结实。这段低温影响时期,叫做小麦的春化阶段。根据小麦春化阶段要求低温的程度与持续时间的长短(表3-1),

可将小麦划分为四种类型：

表3-1　不同类型小麦品种通过春化阶段对温度和时间要求表

| 品种类型 | 通过春化阶段的温度(℃) | 需要的时间(d) |
| --- | --- | --- |
| 强冬性品种 | 0℃~3℃ | 40~50 |
| 冬性品种 | 0℃~7℃ | 30以上 |
| 半冬性品种 | 0℃~7℃ | 15~35 |
| 春性品种 | 0℃~12℃ | 5~15 |

1.强冬性品种

最适春化温度在0℃~3℃，一般需40~50天可完成春化作用，在4℃~7℃下进行春化抽穗期略有延迟，8℃~12℃下进行春化不能抽穗。

2.冬性品种

最适春化温度在0℃~7℃，一般需30天以上可完成春化作用，冬性品种在8℃~12℃下进行春化抽穗极困难。冬性品种苗期匍匐耐寒性强，对温度反应极为敏感，未经春化处理的种子，春播一般不能抽穗。

3.半冬性品种

最适春化温度在0℃~7℃，8℃~12℃进行春化抽穗期略有延迟，在3℃~15℃条件下，一般20~30天可完成春化作用。半冬性品种苗期半匍匐耐寒性较强，种子未经春化处理，春播一般不能抽穗或延迟抽穗，抽穗极不整齐。

4.春性品种

最适春化温度在0℃~12℃，一般需3~15天可完成春化作用，春性品种苗期直立，耐寒性差，对温度反应不敏感，种子未经春化处理，春播可以正常抽穗结实。

春化阶段以种子萌动标志开始；生长锥伸长(茎叶原基分化停止)，标志春化阶段通过，转向光照阶段(即穗分化形成)。

## 二、光照阶段

小麦在完成春化阶段后，在适宜条件下，进入光照阶段，需要一定时间的长日照为主的综合外界条件，才能完成其生理质变的过程。通过光照阶段的主要因素是日照的长短，这一阶段对光照时间反应特别敏感，小麦是长日照作物，一些品种如果每日只有8小时的光照，就不能抽穗结实。给以连续光照，则可以加速抽穗。根据小麦对每日光照时间长短的反应，可分为3种类型。

1.反应敏感型

在每天光照12小时以上的条件下,经过30~40天才能通过光照阶段而结实。一般冬性品种多属这种类型。

2.反应中等型

在每天光照12小时条件下,约经过24天即可通过光照阶段而抽穗结实。一般半冬性品种多属这种类型。

3.反应迟钝型

在每天光照8~12小时条件下,春性品种经15天以上,冬性品种30~40天便可通过光照阶段而抽穗结实。冬性类型及高纬度地区春性品种属此类型。

一般认为茎生长锥伸长期是小麦通过春化阶段的标志。小麦穗分化达二棱期,春化阶段结束。小麦完成春化阶段转入光照阶段,光照阶段结束于雌雄蕊原基分化期。春化阶段是决定叶片、茎节、分蘖和次生根数多少的时期。光照阶段是决定小穗和小花多少的时期。

了解小麦阶段发育的特征和外界环境条件,有助于正常的引种,便于更好的探索研究和掌握小麦的栽培技术。确定适宜播期、播量、合理运筹水肥等。引种技术如果南种北引,由于北方温度低,日照时间长一般表现早熟,但抗寒性差,冬季容易受冻害死苗,相反若北种南引多表现为发育延缓,成熟晚,甚至不能抽穗,一般从纬度、海拔、气候相同或相近的地区引种较易成功。小麦播种时,由于冬性强的品种春化阶段时间长、耐寒性分蘖较强,可适当早播,且播量可适当少些。春性品种春化阶段短,幼苗初期生长发育较快,在适期范围内,可适当晚播,并适当增加播量。

**三、阶段发育理论在小麦生产实践上的应用**

1.引种

小麦品种具有严格的地区性,不同地区生态环境的差异,对品种要求各不相同。如北种南引,由于南方温度较高,日照时间较短,不能满足春化阶段和光照阶段所要求的低温和长日照条件,发育迟缓,表现晚熟,甚至幼穗发育不全不能抽穗。南种北引,越冬前很快通过春化阶段和光照阶段表现早熟低产,且易冻害,也难成功。从温光生态环境相近、纬度相同或大致相近的地区引种较易成功。

2.品种选用

冬性品种生育期长,播期早,产量高;半冬性品种生育期中等,产量最高;

春性品种生育期短,产量较低。冬麦一般较耐寒,冬性强,可在高寒、冷凉地区种植;春麦抗寒性弱,春性强,只能在春季播种。

3.确定播期

冬性品种春化阶段要求的温度低,时间长,早播利于增产。春性品种春化阶段短,播种过早,很快通过春化阶段而进入光照阶段,年内出现拔节现象,易受冻害而减产,所以春性品种宜迟播。半冬性品种则介于春性和冬性品种之间,因此应根据前茬作物收获早晚,合理选用和搭配品种,冬季气温较低的地区,宜用半冬性品种,反之宜用春性品种。早茬地可适当早播,宜用半冬性品种。晚茬地可适当晚播,宜用春性品种。

4.确定播量

春性品种春化阶段短,分蘖力弱;冬性品种春化阶段长,分蘖时间长,分蘖力强;半冬性品种介于二者之间,因此在确定播种密度时,为保证单位面积的有效穗数,春性品种播种适当加大播量,而冬性品种播种可用小播量。

5.肥水管理

小麦完成春化阶段期间,主要分化叶片、分蘖、节和节间的营养器官,如能延长春化阶段时间,增加主茎叶片数和单株分蘖数,有利于争取多穗;小麦进入光照阶段后,开始分化穗这一生殖器官,因此光照阶段发育越快,穗分化时间越短,穗越小,反之则有利于形成大穗。

春化阶段以分蘖为主,加强肥水管理,应多施N肥,保证充足水分,以促进主茎叶和分蘖的生长。光照阶段以穗分化为主,应注意N、P肥配施,可促进小穗、小花的分化,争大穗、促高产。

★复习思考题★

1.什么是小麦的生育期?

2.什么是小麦的生育时期?

3.如何利用小麦生长各阶段的特点确定合理的田间管理措施?

4.什么是小麦的春化阶段?根据小麦春化阶段要求低温的程度与持续时间的长短可以将小麦分为那几个类型?

5.如何利用阶段发育理论指导生产实际?

# 第三章 小麦生产与土、肥、水的关系

● 学习任务及指导 ●

1. 了解和掌握深耕的主要作用。

2. 掌握深耕的主要技术以及小麦不同生育期的需肥规律,因地制宜的制定田间施肥计划合理进行科学施肥。

3. 了解和掌握小麦不同生育期的需水规律,加强田间管理,做到保水保肥。

## 第一节 小麦生产与土的关系

土壤是小麦吸取营养的场所,小麦生长发育期间所需的各种养分,通过土壤的分解、储运得到供应,所以土壤是小麦增产措施中的基础。

### 一、小麦对土壤的要求

总体来讲,小麦对土壤的要求不是很严格,只要精细管理,在各种土壤上都能获得收成;但并不是任何土壤条件对小麦生长发育的作用都是一样的。结构差的土壤,导致土壤的蓄水性、保水性和透气性不良,或土壤中酸碱度过高等,均在不同程度上影响着土壤肥力因素间(水分、养分、温度、空气)的不协调,对小麦生长发育不利,而降低产量。

从土壤质地来讲,小麦最适宜种植在有机质丰富、团粒结构好、土层深厚、排水良好、保水力强的黏质土壤上。与此相反,重黏土或黏土质地细密坚实,在雨后或灌水时,土壤的微粒剧烈膨胀,形成胶黏物体,泥泞不堪,渗水性和透气性极差,而水分蒸发后,土壤又迅速干枯,体积急剧缩小,坚硬如石,往往形成许多龟裂,对小麦的出苗、扎根及耕作都非常不利。至于砂质土壤,质地粗且结构松散,保水保肥力差,小麦产量较低;在寒冷地区,砂土容易受风侵蚀,使小麦分蘖节外露,加之砂土吸热与散热均较快,昼夜温差大,不利于冬小麦越冬。

从土壤的酸碱度来讲,过酸或过碱的土壤,都会妨碍小麦生长。小麦最适于栽培在pH值为6.8~7.0的中性土壤上,在pH值为6.0~6.3的微酸性和pH值为7.5~8.5的微碱性土壤上也能生长。而过酸或过碱的土壤,由于盐分含量过大,增大了土壤溶液的浓度,使小麦根细胞不能从土壤中获得水分,或使细胞脱水,对小麦生长极为不利。

综上所述,土壤是小麦获得高产的重要决定因素之一,高产麦田应具备的基本条件主要体现在三个方面。一是质地良好,土壤结构松紧度合适。通常用土壤容重及空隙来反映土壤的松紧状况,高产麦田的土壤容重为1.14~1.26g/cm³,空隙率为50%~55%,这样的土壤,上层疏松多孔,水、肥、气、热协调,养分转化快,下层紧实有利于保肥保水,最适宜高产小麦生长。二是土质肥沃,土壤中具有丰富的有机质和各种养分。根据研究与生产调查统计,一般高产麦田的土壤有机质含量在1.2%以上,含氮量≥0.10%,速效钾≥0.02%,有效磷20~30ppm。有机质含量高,土壤结构和理化性状好,能增强土壤保水保肥性能,较好地协调土壤中肥、水、气、热的关系。三是土层深厚。就目前条件看,高产麦田耕层深度应确保20cm以上,能达到25~30cm就更好。加深耕作层,能改善土壤理化性能,增加土壤水分涵养,扩大根系营养吸收范围,从而提高产量。但超过40cm,就打乱了土层,不但当年不增产,而且还有可能减产。

## 二、深耕的增产作用

土壤是农业生产最基本的条件,而深耕则是土壤耕作最重要的措施。深耕不仅在耕作措施中对土壤性质的影响最大,同时作用的范围也广,持续的时间也远比其他各项措施长,而且其他耕作措施都是在这一措施基础上进行的。深耕具有翻土、松土、混土、碎土的作用,可以有效疏松土壤、加厚耕层、恢复土壤结构、提高土壤有效肥力、防除杂草与防止病虫为害,因此合理深耕能显著增产。小麦栽培中,深耕有利于小麦根系生长发育。小麦根系入土深度虽然很深,但80%左右分布在0~50cm土层内,尤以耕层最多。土壤耕层深厚,肥水充足,通气良好时,耕层内根系比重可大大增加,另外小麦根系发育还受犁底层限制,深耕破除了坚实的犁底层,可以改善土壤的通透性,增加土壤下层含水量,促进根系下扎,使小麦的根量增加,增强吸收能力,从而促使产量提高。

(一)深耕能促进麦田土壤熟化

深耕土地,实质是加速底土熟化的过程。深耕与增施肥料、耙、耱等措施配合,可使耕作层在较短时间内熟化,使死土变成活土。土壤熟化的标志是土壤理化、生物性质的综合反映,土壤理化、生物性质变化的相互作用与相互制约,组成了土壤肥力的统一体。良好的土壤物理性质,可促进养分的有效化,并为微生物的活动创造优越条件;而微生物活动的增强,又有助于养分的分解、合成,有助于良好土壤结构的形成。因此,良好的结构性、养分的有效性和有益微生物的活性,是土壤熟化的三个重要标准,也是小麦生长发育的理想环境条件。

(二)深耕可改变生土的坚硬结构和孔隙度

深耕犁破了坚实的生土层后,便形成深厚的松土层,土壤容重显著减少,孔隙度加大,从而使土壤的透水性能明显改善。深耕对土壤结构的改善,还表现在土壤中水稳性团粒数量的增加。深耕时由于机械的撞击作用,虽然会破坏土壤表层的一些团粒,但因改善了土壤内部错综复杂的理化、生物性质,有助于更多的团粒再形成,并随耕作深度的增加而增多。深耕后,由于土壤结构的改善,松土层加厚,透水性增强,同时也削弱了土壤毛管水上升的作用,降低了蒸发损失,使土壤的保水性有所增强。由于深耕改善了土壤的物理性质,调整了土壤中空气与水分的关系,因此有利于土壤温度的提高,给土壤微生物的活动创造了有利条件,使其活动旺盛、繁殖强烈,有利于加速土壤有机质的分解,使一部分有机态氮和不可给态磷转化为无机的硝态氮和速效磷,能够有效促进土壤肥力的提高。

(三)深耕能促进根系发育

深耕破除了坚实的土层后,为小麦根系的发育创造了宽裕的空间,使根系得以顺利下扎且根量增多,扩大了吸收营养的面积,有利于小麦地上部的生长发育,使产量构成因素得到改善,从而获得高产。

(四)深耕能减少田间杂草和病虫危害

深耕作业时,可以翻转耕层,将土壤表层的草籽翻压在较深的底层,从而抑制草籽发芽和出苗;有些多年生杂草的根系也可在深耕时被铲断,减弱了再生能力;同时掩埋带菌体,并将土壤深处的虫卵、虫蛹、幼虫翻出,被太阳晒死或鸟类吃掉,减少其繁殖危害。

## 三、耕作整地技术

（一）深耕的一般原则

确定深耕的深度时，首先应考虑土壤剖面的性质，一般腐殖质层厚的土壤可以耕翻的深一些，以利于腐殖质充分转化为有效养分，满足小麦的生长需要；腐殖质层浅的土壤，需要耕翻到腐殖质层以下时，应结合深翻增施肥料，以创造深厚的肥沃层；若土层内有夹砂层，耕翻深度应深及夹砂层，使砂与土混合或将砂层挖出田外，以改变土壤漏水的不良特性；在有灌溉条件的地块，若土壤下层有夹砂层且较深时，耕翻不易过深，在漏砂层之上保留较厚的坚实土层，以防止漏水漏肥，如砂层较浅时，则可加深耕层，将砂层彻底挖出；若土壤下层有防渗、保水、保肥的胶泥层时，则耕翻深度不应超过此层；高寒阴湿地区，气候凉、蒸发小、土壤湿度大，除歇地外一般不宜过深耕翻，否则易引起贪青晚熟，成熟不好，导致小麦产量下降。其次应考虑根系发育的需要，深耕后虽然可促使小麦根系下扎，但其分布深度仍有一定范围，有70%~80%的根系密集在50cm的土层内。因此，只要耕深30cm左右，既能改善耕作层的土壤性质，又能满足小麦生长发育的需要，不应耕翻过深。

（二）翻耕的时间

无论冬麦还是春麦的翻耕时间，均以夏收后立即进行为宜。此时翻耕气温高，日照强，有充分的晒垡时间促进土壤熟化，而且甘肃省大部分降雨集中在7、8、9三个月，伏耕地能充分接纳夏秋降水，有利于蓄水保墒。玉米、糜子、马铃薯等秋作物收获后，准备播种冬小麦的回茬地，由于耕后即要播种，一般只宜浅耕，不宜深耕使土壤过松，不利于小麦的发芽和幼苗生长；准备来年播种春小麦的则必须抓紧时间进行秋季深耕，以便有较多的晒垡和纳水时间，使土壤中积累较充分的水分和有效养分。

（三）深耕与水、肥、耙、耱、碾相结合

深耕与施肥、灌水、耙、耱、碾等措施密切配合，才能充分发挥增产作用。深耕结合施肥，可以使土壤迅速熟化为深厚肥沃的耕作层，更有效地发挥出深耕的增产作用。深耕后土层疏松，旱地应在播种前结合整地进行镇压和耙耱，以免地面不平或虚土下陷，发生吊根断根现象，影响播种和田间管理。

（四）耕作整地技术

采取耕翻措施改善土壤水分状况，要经过两个过程，一是接纳夏秋天然降水的收墒过程，二是减少土壤水分蒸发的保墒过程。收墒应在雨水最多的时候进行,措施是通过深耕使田面粗糙,减少雨水流失,使雨水尽可能渗入土层深处。保墒应在秋冬之交及春季进行,主要措施是耙耱镇压,使表土细碎疏松,水分不易蒸发。为达到此目标,按照甘肃省地理环境和各地耕作制度,不同作业时期的田块耕作整地必须抓好以下措施:

1. 夏作物收获后的耕作整地

甘肃省降雨多集中在7、8、9三个月,春季降雨较少,土壤干旱。冬小麦常因春旱而减产,春小麦常因土壤干旱而影响播种。所以小麦田的夏季耕作任务,除注意晒垡外,更要做好蓄水保墒耕作。冬小麦夏季休闲地,在前作小麦或豆类等夏杂粮收获后,立即进行灭茬,深度5~10cm,头伏进行深耕,耕后不耱,立土晒垡,促进风化,并接纳夏秋季雨水。到8月下旬雨量开始减少,地面蒸发增加,应在透雨之后及时进行耙耱保墒,防止土壤水分损失,播种前15天左右再进行一次浅耕,深度不应超过播种深度,且随时注意雨后耙耱保墒,保持地面疏松,等待播种。春小麦秋冬休闲地,在中部干旱地区土壤耕性良好,收后即可浅耕灭茬。8月上、中旬深耕,耕后不耱,晒垡纳雨,白露前后耙耱平整土地,随后进行第二次浅耕,深度10~15cm,犁后打耱保墒。旱地必须随时注意耙耱,并在结冻后用石磙再碾压一次,以便蓄水保墒。春季气候干燥少雨,犁地易跑墒,一般不宜深翻;但在早春刚解冻时,进行必要的耙耱、碾地,对防止土壤水分蒸发、适时播种、保证全苗具有重要作用。

2. 秋茬地的耕作整地

秋作物收获后播种冬小麦的茬地,应从秋作物收获前的生长期间入手,注意与中耕结合,由深而浅,随时积蓄夏秋季的雨水,待秋作物收获后立即耕一次,并精细耙耱,以减少土壤水分损失。秋茬地的耕作整地因雨季已过、气温转低,晒垡纳雨作用不及伏耕地,但耕作后土壤疏松,借冻消和积雪融雪作用,可以改良土壤的物理特性和水分状况,仍较板茬越冬为好。在旱作农业区秋耕对小麦的增产作用很大,秋耕的时间越早越好,可使土壤中多积累一些有效养分和水分。由于冬季降水少、蒸发大,春季常常发生旱情,如在秋耕后不及时进行耙耱,容易损失水分,且土块长期暴露在空气中,易变的干燥坚硬不易耙碎,影响播种质量,故秋耕后要立即耙耱保墒。秋耕地在早春时,也应进行必要的耙耱、碾压等保墒措施,春季不宜耕翻土地。

## 第二节 小麦生产与肥的关系

施肥是农作物获得高产的重要措施,小麦同其他作物一样,所需的各种元素,碳来自空气中的二氧化碳,氢和氧来自水分,氮、磷、钾及其他微量元素都来自土壤,而且需要量较多的氮、磷、钾还必须靠人工施肥才能满足。

### 一、小麦生长发育所需营养元素

小麦生长发育所需营养元素包括碳、氢、氧、氮、磷、钾、钙、镁、铁、硫、硼、锰、锌、铜、钼、硅等,在这些营养元素中,碳、氢、氧三种元素是构成各种有机养料的重要组成元素,这三种元素约占植株干物质重量的90%以上。氮、磷、钾、钙、镁、铁、硫等元素是小麦生长发育当中需要比较多的元素,叫做大量元素,其中尤以氮、磷、钾三种元素需要得最多,叫做肥料三要素。硼、锰、锌、铜、钼、硅等元素也是小麦生长发育不可缺少的元素,但需要量小,叫做微量元素。

氮 是构成细胞原生质的主要成分,没有氮就没有蛋白质,就没有原生质,就没有生命活动。原生质中除蛋白质含氮外,叶绿素、核酸和磷脂里也含有氮。新陈代谢过程中的重要催化剂——酶类也是蛋白质构成的,许多维生素中也含有氮。氮素能促使小麦的营养器官如根、茎、叶和分蘖的生长,增大植株的绿色面积,从而加强光合作用。同时也能使小麦的结实器官如小穗、小花的数目增加。在生殖细胞形成期和受精期,如果氮素营养充足,则可以提高结实率。氮素还可以提高小麦籽粒的千粒重,增加籽粒的蛋白质含量,因此氮在提高小麦籽粒产量和改进籽粒品质等方面具有极其重要的意义。氮素不足时,植株生育不良,茎杆矮小、分蘖少、叶片小而颜色淡、下部叶片易变黄、根系发育差、穗小粒少、成熟早、产量低。但氮素过多,则易造成茎叶徒长,根系发育不良、茎杆厚壁细胞层变薄、抗逆力弱、易倒伏、易感染病虫害,并易造成贪青晚熟或受旱青干,影响产量。

磷 是核蛋白的组成成分,核蛋白是原生质的重要成分。在小麦的新陈代谢过程中,磷起着重要作用。碳水化合物、脂肪、蛋白质的转化需要磷参加,在呼吸作用的能量传递过程中,磷也起着重要作用。磷与氮素代谢有着密切关系,在氮素供应过多的情况下,如果磷素不足,则含氮物质的代谢失调,植株呈现缺氮特征,故在缺磷的土壤里单施氮肥效果并不好。磷还能增强小麦植株的抗寒和抗病虫能力。磷能促进小麦生根、分蘖早、根系发育健壮,加速植株的生长发育过程,使小麦提早成熟。缺磷时,植株体内碳水化合物和蛋白质的转化受到阻碍,分生组织细胞的分裂不能正常进行,麦苗扎根、分蘖不良,叶色暗绿无光泽,结实器官的发育受到抑制,籽粒灌浆不好,成熟延迟,产量、品质随之下降。磷素过多时,对小麦生育也没好处,但害处也不明显。

钾 以离子状态存在于植株体内,能促进碳水化合物的形成和转化,使小麦叶中的糖分顺利运输到正在生长的器官。钾素供应充足时,植株的机械组织发达,茎秆坚硬,抗倒力强。钾对细胞原生质胶体的理化特性有着良好的影响,可以增强植株抗寒、抗旱和抵抗真菌性病害的能力。钾对蛋白质的代谢也有一定影响,缺钾时易引起原生质的破坏。土壤中缺钾时,小麦茎秆矮小脆弱,机械组织和输导组织发育不良,植株容易倒伏,而且叶色变得浓绿,叶片短宽。在缺钾的情况下,由于单糖转化为双糖和多糖的过程受阻,使单糖积累在叶内运不出去,因而光合速度减慢,光合强度降低。此时叶尖易产生褐斑,逐渐向下蔓延,植株下部叶片提早枯黄。钾素过多时,对小麦生长和产量没有影响。

钙 能影响原生质的凝聚过程和脱水作用,使原生质的黏度增大。钙又是细胞壁的组成成分,有加固细胞壁和增强小麦抗倒、抗病虫的能力。钙与草酸结合形成草酸钙结晶,存在于液泡内,有解除草酸致毒的作用。缺钙时根系发育不良,种子发芽和幼苗生长将受到抑制。

镁 是叶绿素的组成成分,在呼吸和发酵的过程中,必须有镁的参加。它可以促进磷的吸收与运输,有助于含磷化合物的合成,是光合、呼吸等重要生理活动中不可缺少的元素。小麦从幼穗形成到抽穗开花,对镁的吸收量显著增大。缺镁时植株基部叶片先变黄,发生缺绿病,叶片很快死亡;过量的镁对小麦生育有毒害作用。

硫 是蛋白质组成成分,与叶绿素的形成也有关系。硫还参与一些酶系统的组成,对碳水化合物、脂肪等的转化具有较大作用。小麦植株中的硫在成熟期便运输到籽粒中去,分布于胚乳、麸皮和胚中,尤以麸皮中含量较多。缺硫植株的症状一般与缺氮相似,首先是蛋白质的合成受阻,使植株的氨基酸和其他含氮化合物积累起来,致使植株不能正常生长,根系发育不良,叶色变淡发黄。

铁 对叶绿素的形成过程起作用,但不是叶绿素的组成成分。铁又是一些氧化酶的组成成分，参与细胞内的氧化还原过程。铁在植株体内虽然含量很少，但它是小麦正常生理活动中不可缺少的元素。缺铁时叶色变淡发黄，但叶脉却保持绿色，而且叶子能在长时间内保持不死。

锰 是一些氧化酶的活化剂，能够影响呼吸过程，植株内有微量的锰存在时，能促使呼吸作用增强，因而能使种子萌发和幼苗生长良好，锰对叶绿素的形成也有关系。锰在植株体内含量很少，浓度稍高时可产生毒害，但缺锰时叶绿素的形成受影响，叶片产生缺绿病，植株生长发育不良。

铜 小麦对铜的需要量很少，铜多则产生毒害。铜是一些氧化酶的成分，与叶绿素的形成和蛋白质的合成也有关系。缺铜时幼苗叶尖缺绿，逐渐干枯，并造成籽粒结实不良。

硼 与碳水化合物的转化有关，缺硼时糖的转化受阻，运输速度降低，从而也影响蛋白质的合成。硼对开花结实有重要的作用，它能使花粉萌发加速，促进花粉管进入子房，提高籽粒的结实率。硼还能增强植株对钾、钙、镁等元素的吸收，提高对这些肥料的利用率。小麦对硼的需要量极少，要求的浓度也低。

锌 是碳酸酐酶的成分，与呼吸作用及光合作用中二氧化碳的释放和吸收过程有关，锌还影响生长素（吲哚乙酸）的合成。虽然小麦对锌的需要量很少，但土壤缺锌时，植株生长受阻，且易呈现畸形生长。

## 二、小麦的需肥规律

小麦是需肥较多而又是"胎里富"的作物，合理施肥不仅能提高产量，而且有利于调节土壤养分平衡，提高土壤肥力，特别是多施有机肥，可以收到以肥改土、以肥保水的效果。因此，因地制宜广辟肥源，增施肥料，科学施肥，是夺取小麦高产稳产的基本条件之一。

小麦在生长发育过程中，一方面叶片从空气中吸收二氧化碳进行光合作用，构成植株干物质重量的95%左右，另一方面根系从土壤中吸收氮、磷、钾等元素和一些微量元素，虽然这些矿物质元素只占干物质重量的5%左右，但对小麦生长发育起着极其重要的作用。这些矿物质元素中，氮、磷、钾需要量很大，土壤中又比较缺乏，靠施肥来补充，一般叫做三要素，它在小麦生育中所起的作用不同，不能互相代替，缺少其中一种，会妨碍其他元素的吸收利用。

由于气候、土壤、栽培措施、品种特性等条件的变化，小麦的需肥量有所不同。小麦植株在一生中各生育时期所吸收的氮、磷、钾的数量是不同的，但有一定的规律性。无论冬、春小麦需肥都集中在营养生长和生殖生长并进时期，即从分蘖到抽穗；但春小麦对三要素的吸收到抽穗就已经完毕或接近完毕，而冬小麦在抽穗以后还要吸收部分氮和磷。综合各地资料，每生产100kg小麦籽粒，要从土壤中吸收纯氮3kg（相当于尿素6kg）、五氧化二磷1~1.5kg（相当于普通过磷酸钙6~9kg）、氧化钾2~4kg（相当于硫酸钾4~8kg）。小麦在不同生育时期需要氮、磷、钾的情况大体如下：在种子发芽到幼苗生长期间，初生根细小，吸收养分的能力较弱；在苗期阶段，为了促使幼苗早分蘖、早发根，培育壮苗，为以后的壮秆大穗打好基础，要求有适量的氮素营养和一定数量的磷、钾肥。从分蘖末期或起身期到孕穗、抽穗期的器官建成阶段，植株从营养生长过渡到并进时期，茎叶生长迅速，幼穗分化形成，这是小麦一生吸收营养最多的时期，需要加强氮素营养，以巩固早生分蘖，提高有效分蘖数，保证单位面积内有较多的、较大的穗子，并需配合有适量的磷、钾营养，以促进壮秆、增粒及籽粒的形成。在抽穗到乳熟期以前，应有良好的氮素营养，延长上部叶片的功能时间，提高光合效率，促进籽粒灌浆增重，此时磷、钾营养也很重要，因为它能够促进光合产物的转化和运输，使光合作用得以旺盛进行。在蜡熟期以前，磷、钾肥的吸收已基本结束，只需维持少量的氮素营养，保证正常的灌浆和成熟。

### 三、麦田施肥技术

了解小麦需肥规律，就要按照预期的产量指标，确定所需肥料的定额和各种肥料的施肥量。但是，施肥数量与产量的关系很复杂，这主要是受土壤肥力、肥料质量、气候条件、前茬作物、施肥方法以及其他栽培措施等方面的影响。各地不同类型土壤中全氮、全磷、全钾的含量不同，特别是速效氮、有效磷、有效钾的含量不一样，在施肥时既要考虑小麦对氮、磷、钾的需要，也要考虑土壤中有效氮、磷、钾的含量，从而确定小麦施肥的种类和数量。甘肃省土壤肥力普遍不高，小麦施肥上除农家肥中含氮、磷、钾完全肥料外，一般补充的化肥主要是氮、磷肥料，协调好土壤中氮、磷的供应，是夺取小麦丰产的重要措施。科学施肥应根据小麦的需肥要求，以及各地土壤肥力高低和生产水平，来确定每亩施肥种类和数量。同时，还应考虑施入土壤的肥料的利用率，一般有机肥当年作物的利用率30%左右，各种氮素化肥平均利用率50%左右，磷素化肥利用率为15%~20%。小麦的施肥量一般要比需肥量高，且应以有机肥为主，化肥为辅，有机、无机肥配合施用，这样既能满足当年小麦生长发育的需要，又有利于改良土壤，培肥地力，持续增产。否则，有机肥少，化肥施用太多，不仅增加成本,还易造成土壤板结,小麦植株高大,容易倒伏、青秕。在施肥时间上,冬小麦生育期长,为在冬前能够很好地出苗、分蘖和扎根,苗全苗壮,安全越冬,满足以后各生育时期对养分的需要,必须施足基肥;春小麦生育期短,结实器官发育开始早、历程短,分蘖期就开始穗分化,加之春季温度低,肥料分解慢,为满足春小麦短期内吸收大量的营养物质的需要,也要施足基肥。尤其是春小麦施用腐熟优质农家肥做基肥,有利于及时吸收利用,达到穗大粒多的目的。在一般大田栽培情况下,基肥数量约占施肥总量的70%左右,地力差的比重可大些,其余肥料分期追施,尽可能早追肥,冬小麦返青后追施,春小麦分蘖期追施。如果追肥不当,容易造成小麦徒长倒伏,贪青和青秕而减产。在施肥方法上,宜采用深施、分层施肥、根外喷施等方法。化肥深施比撒施具有明显的增产效果,分层施肥便于根系吸收,有利于麦苗生长。

(一)基肥

小麦是深根性分蘖力强的作物,对基肥的反应极为敏感。基肥的多少,对小麦初期分蘖的数量和后期深层土壤养分摄取的多少起着决定性作用,重施基肥尤其是多施富含有机质的厩肥、堆肥作基肥,对小麦生长发育具有更加突出的效果。基肥的施用量,因冬、春小麦生长期的长短,农业不同类型区域和生产水平的高低而有差异。一般来讲,干旱地区土壤水分含量小,加之省内各地均有不同程度的春旱,追肥利用率低,故基肥施用量应多些,甚至全部用作基肥;高寒地区气温低,生长期短,小麦成熟期易遭受寒害,一般不宜施用追肥,或仅追施一些草木灰、熏土,以提高地温,促进早熟,否则用氮素肥料追肥,容易贪青晚熟;生产力低和施肥总量少的地区,将肥料用作基肥比追肥好,可更好地发挥肥料的利用率。基肥的施用方法,因冬、春小麦和前茬的不同而有差异。冬小麦在夏收作物茬地上播种,如肥料充裕可分两次施入。一次结合伏耕施入深层,肥料以迟效性厩肥为主;一次于播种前浅耕时施入,肥料以腐熟有机肥为主。在秋收作物茬地上播种,则在作物收获后,随耕随施肥随播种。春小麦以秋施基肥为最好,旱地在秋耕时施入,肥料用迟效性厩肥;秋施基肥的地块,次年春耕时最好再春施一次,施肥量约占秋施的一半,以充分腐熟的有机肥为主。有机肥料的基肥中,适当配合无机肥料,增产效果更加显著。无机肥料能迅速为小麦吸收,可满足小麦"胎里富"的要求,增强小麦抗寒抗旱能力和抗病抗倒伏性能。

(二)种肥

将无机化肥用作冬、春小麦的种肥,是一种用量小、肥效大、简单易行的施肥方法。只要土壤墒情好，不同类型地块均可使用种肥。种肥的肥料利用率高，能充分供应小麦苗期的营养，促进幼苗发育健壮，分蘖快而整齐，千粒重增加，增产效果好。使用硫酸铵、硝酸铵、尿素等氮素肥料配合过磷酸钙作种肥，效果较好。在播种前先将化肥混合均匀，用手锄或犁铧开沟，开沟深度大于播种深度，将种肥均匀施于沟内并覆土，然后再进行播种。

（三）追肥

冬小麦追肥可分为冬季追肥和春季追肥。冬小麦出苗后，经一个月左右的时间，就进入冬季。为提高地温，缓和温差，弥补土壤龟裂，保护分蘖节不受冻害，安全越冬，应追施"暖苗粪"。暖苗粪多用墙土和富含有机质的肥土，并掺加部分厩肥，一般亩施1000kg以上。施用方法为在土壤结冻后，将粪土均匀撒施于麦田中，耙耱一次即可。冬小麦从播种到需肥最多的春季，要经过几个月的时间，播种前所施的基肥，大部分已被小麦吸收，其余已被冲洗或随降水渗入土壤底层。因此，冬小麦返青时，尽管土壤内还有一定的营养物质，但其有效化过程进行得极其缓慢，不能及时供给复苏的小麦吸收利用，致使小麦长期处于饥饿状态。为巩固冬前分蘖，增强对春季不良条件的抵抗力，促进从返青到拔节期间茎的生长锥伸长，促进穗轴节片和小穗原始体的分化，保证穗大粒多，在返青期及时施用追肥是极为重要的。追肥以速效性氮、钾肥为主，适当配以磷肥。在小麦拔节时，应追施第二次春肥，此时小麦已进入小花分化时期，适时适量的追肥，可提高有效分蘖率，减少不孕小花数，增加结实率。此时追肥除施用速效性氮肥满足茎叶生长外，需适当配合磷、钾肥，促使茎秆健壮，小穗分化正常。小麦抽穗后，还应追施一些速效性肥料，促进蛋白质合成和碳水化合物转化，提高籽粒饱满度。

春小麦生育期短，对追肥的要求虽然不如冬小麦敏感，但在有灌溉条件的麦田追肥，增产效果仍然很大，同样需要分期追肥，满足小麦后期生长发育所需的营养。一般第一次追肥在分蘖期，即播种后40~50天，将速效性化肥结合锄地施入；第二次追肥在拔节期，肥料用量稍少于第一次；抽穗后与冬小麦一样，再施用一些速效性磷、钾肥。总之，春小麦施用追肥，必须注意先重后轻，并使用速效性肥料。

（四）根外追肥

这是一种通过叶片使植物获得营养物质的追肥方式，将含有营养物质的溶液或细粉喷于叶面上即可。小麦根外追肥的优点，在于吸收快，并可避免营养物质施入土壤后，因生物吸收或化学沉淀的作用而发生肥料的固定状态；当土壤干旱,施入土壤的追肥效果不大时,可通过叶片来进行追肥。无论冬、春小麦,自拔节开始到籽粒成熟,都可以进行根外追肥,但以抽穗期为最好,可使籽粒饱满,千粒重增加,从而提高产量。

# 第三节 小麦生产与水的关系

水是植物有机体的重要组成部分,也是植物生命活动必需的条件。植物种子含水量低于15%时,则处于休眠状态,如给予适当的水分、空气及温度条件,种子就会在土壤中萌动、发芽和生长,开始强烈的生命活动。绿色植物在生育期间,通过叶绿素的光合作用,制造有机物质供给自身的需要,而光合作用的原料之一就是水。植物在生长发育阶段,吸收到体内的水分,除2%~3%用来构成机体外,其余97%~98%都是用于生长期间的蒸腾作用。蒸腾作用是植物生理调节作用的生命现象,可以平抑植株体的温度,避免因强烈阳光照射可能引起的灼伤。而土壤中的营养物质,也必须溶解在水中以后才能被根部吸收,随着上升的液流,源源不断地经过基部运至植株体的各个部分。在作物大量施肥的情况下,必须有充足的水分溶解肥料,稀释养分,才能很好地发挥肥效,防止因养料"太浓"烧伤植株。此外,在土壤中有适当的水分,能促进有益微生物的活动。水分也是影响小麦生长发育及产量形成的重要因素,小麦一生总耗水量每亩约260~400$m^3$(400~600$mm^3$),小麦每生成1kg干物质,要消耗300~400kg水。如土壤水分不能满足小麦的需要时,则机体的水分代谢作用受到破坏,叶部及幼嫩茎部的细胞失去膨压,而萎缩下垂;小麦生长点的细胞,因缺水也不能进行正常的细胞分裂和伸长,致小麦生长受到抑制;由于缺水,叶面气孔关闭,阻碍二氧化碳进入叶内,叶子下垂和卷曲,降低受光能力,致使光合作用受到极大抑制;植株体内的其他生命活动,也同样遭到破坏。若萎蔫的持续时间不长,及时供给水分,则植株仍能恢复其原来状态;否则,即使再供应水分,植株也不能恢复而死亡。土壤水分过多,也对小麦生长不利。水分过多,土壤内缺乏空气,使根部的呼吸作用减弱,久之小麦根系因窒息而腐烂。由此可见,通过灌排措施,保证土壤中适量的水分,创造对小麦生长发育有利的水分条件,是取得丰收的关键。

小麦对水分的要求可分为"生理需水"和"生态需水"两个方面,生理需水是指作用于植株生理过程所需要的水分;生态需水是指影响小麦生态环境所需的水分。小麦不同生育时期因植株大小、总叶面积不一样,各生育时期的水分蒸腾量也不一样,由于蒸腾量不同,故而耗水量也不同,通常生育前期耗水量小,而且主要是棵间蒸发,随着群体叶面的增加,耗水量也有所加大,从拔节到抽穗开花期需水最多,此期耗水量要占总耗水量的60%以上。甘肃省冬麦区与春麦区的气候条件与土壤条件迥然不同,冬麦区雨量较多,蒸发量少;而春麦区雨量较少,蒸发量大;全省各地年降雨量相差悬殊,而且降雨时间多集中在7、8、9三个月,在小麦生育期内的降雨,往往不能满足小麦生长发育的需要,尤其在小麦需水最多时期,甘肃省多是干旱少雨,小麦需要采取适宜的增墒措施。小麦不同生育时期的需水量:(1)播种发芽期。小麦种子吸水达到种子干重的45%~50%时,才能正常发芽,种子发芽期的土壤含水量以占土壤最大持水量的60%~70%为宜。(2)分蘖期。冬小麦分蘖有两个盛期,一在越冬前,一在返青后。小麦进入分蘖期后,单株及群体的叶面积逐渐加大,蒸腾量也随之增加,耗水量增多。此期土壤含水量以占土壤最大持水量的60%~80%为宜。如果土壤水分不足,光合与蒸腾作用就不能顺利进行,分蘖和扎根就会受到影响。冬小麦在年后分蘖期缺水时,对穗部性状也有一定影响。春小麦在分蘖初期穗部已进行分化,如果土壤缺水,则造成穗小粒少,产量降低。(3)越冬期。此期气温低,蒸腾量小,土壤水分含量与蒸腾之间的矛盾并不突出,但土壤含水量也不宜太低。在冬季麦田土壤只冻不消的情况下,0~20cm土层内的含水量以占土壤最大持水量的60%~80%比较适宜。此时水分充足可以缓和地温的变化,防止分蘖节受冻,并可为来年春季小麦返青创造良好的水分条件。(4)拔节至抽穗期。此期是小麦营养生长与生殖生长并进期,叶面积越来越大,至孕穗期达到高峰,此时植株内部各种生理活动进行的非常旺盛,蒸腾作用很强,加之气温升高,土壤蒸发量增大,所以此期小麦需水最多。如果土壤水分不足,不仅影响有效分蘖率,特别是对穗部性状影响更大,容易导致不孕小穗、小花数增加,结实率降低,对产量影响极大。所以从拔节到抽穗期,麦田0~20cm土层内应经常保持最大持水量的80%左右的水分,这是小麦获得高产的重要条件之一。(5)抽穗至成熟期。小麦抽穗以后,在籽粒的形成和灌浆期,植株的蒸腾和光合作用仍很旺盛,而且是形成经济产量的关键时期,此期如果土壤水分不足,则会造成灌浆不良,千粒重显著降低。但水分过多时,又易造成倒伏和晚熟。此期土壤含水量以保持在土壤最大持水量的65%~80%为宜。乳熟期以后,茎叶逐渐发黄,蒸腾及各种生理活动减弱,需水量逐渐减少,但为了使植株不致早衰,达到正常成熟,土壤含水量以保持在土壤最大持水量的50%~70%为宜。

★复习思考题★

1.高产麦田应具备的基本条件有哪些?
2.土壤熟化的重要标志是什么?
3.小麦的需肥规律是什么?
4.什么是小麦的生理需水?什么是小麦的生态需水?
5.小麦不同生育时期的需水有何规律、各生育时期的土壤含水量以占土壤最大持水量的多少为宜?

# 第四章　旱作区小麦栽培技术

学习任务及指导

1.理解掌握小麦全膜覆土穴播栽培技术的技术要领,在生产实践中通过实际操作进一步领会其技术精髓。

2.理解掌握小麦宽幅匀播栽培技术的技术要领,在生产实践中通过实际操作进一步领会其技术精髓。

3.理解掌握小麦黑色全膜微垄穴播栽培技术的技术要领,在生产实践中通过实际操作进一步领会其技术精髓。

4.理解掌握小麦膜侧栽培技术的技术要领,在生产实践中通过实际操作进一步领会其技术精髓。

5.理解掌握小麦全膜覆土穴播免耕多茬栽培技术的技术要领,在生产实践中通过实际操作进一步领会其技术精髓。

6.理解掌握小麦全膜双垄沟播一膜两年用的技术要领,在生产实践中通过实际操作进一步领会其技术精髓。

7.通过学习,结合当地生产实际,选择适宜当地的小麦旱作栽培技术应用于生产。

## 第一节　小麦全膜覆土穴播栽培技术

全膜覆土穴播技术是全地面平铺地膜+膜上覆土+穴播+免耕多茬种植,改传统露地条播小麦和常规地膜穴播小麦为全地面地膜覆盖加膜上覆土,改传统地膜穴播小麦一年种植一茬为一次覆膜覆土连续种植3~4茬(年),改传统小麦的大播量播种为精量播种,改人畜播种为小麦配套穴播机播种,集成膜面播种穴集雨、覆盖抑蒸、雨水富集叠加利用和多茬种植等技术为一体,不仅能最大限度的保蓄降雨,减少土壤水分的无效蒸发,而且能利用播种穴进行集流,充分接纳小麦生长期间的降雨。其主要技术参数为:在田间利用地膜全地面覆盖后,再在地膜上均匀覆一层1.0cm左右的土,膜宽1.2~1.4m,然后用穴播机在同一幅地膜上同方向穴播小麦,穴距12cm,行距15~16cm,每穴播8~12粒,亩播28万~42万粒,并一次覆膜免耕多茬种植。适合年降水量300~600mm的旱地推广应用,适宜的主要作物有小麦、胡麻、谷子、莜麦、大豆、油菜、青稞、啤酒大麦和蔬菜等密植作物。

其技术优点概括为"三减少、五提高"。

三减少:减少物化劳动投入(精量播种可明显减少用种量,免耕多茬种植一次覆膜可以种植3~4茬,每亩较露地小麦每年可减少生产成本100元以上);减少活化劳动投入(免耕多茬种植可明显减少人工、畜力、机械投入,折合人工计算,较露地小麦亩可减少用工2.5个);减轻环境污染程度(地表免受风吹日晒雨淋,减少地膜投入量)。

五提高:提高劳动生产率,提高地膜利用率,提高降水利用效率,提高耕地质量,提高经济效益。

## 一、播前准备

1. 选地

选择土层深厚、土质疏松、土壤肥沃、坡度15°以下的川地、塬地、梯田、沟坝地等平整土地。

2. 整地

前茬作物收获后,深耕晒垡,熟化土壤,接纳降水,耙糖收墒,做到深、细、平、净,以利于覆膜播种。对于玉米茬口地最好采用旋耕机旋耕。

3. 施肥

(1)重施有机肥 由于一次覆膜连续种植3~4年(茬),头茬最好视情况多施农家肥,一般亩施3000~5000kg优质腐熟农家肥。

(2)施足化肥 科学合理调整施肥量,采取重施磷肥,施足氮肥。一般亩施尿素22~26kg,过磷酸钙38~63kg。因二、三茬施肥较困难,重施磷肥以起到储备土壤有效磷的作用,全部磷肥、氮肥(或3/4以上氮肥)作基肥一次施入。

4. 土壤消毒

地下害虫为害严重的地块,结合浅耕每亩用40%辛硫磷乳油0.5kg加细沙

图3-3　整地、施肥

土30kg,拌成毒土撒施,或兑水50kg喷施。杂草为害严重的地块,结合浅耕用50%乙草胺乳油100g兑水50kg全地面喷施,喷完后及时覆膜。

5.地膜选择

选用厚度为0.01mm、宽度为120cm的抗老化耐候地膜,每亩用量8kg左右。

6.品种选择

选择抗旱、抗倒伏、抗条锈病等抗逆性强的高产、中矮秆小麦品种。冬小麦品种主要有:兰天26号、兰天27号、兰天17、兰天19、兰天21、兰091、中麦175、陇原034、陇原061、庄浪9号、陇鉴301、陇鉴386、陇鉴101、陇育4号、中梁25、中梁31、天94-3、长6878、天选43号、平凉44号、平凉45号、静麦1号、静宁10号等。春小麦品种主要有:陇春27号、定西35号、定西38号、定西41号、西旱1号、西旱2号、西旱3号。

7.种子处理

可选用50%辛硫磷拌种,按种子量的0.2%,即50kg种子用药100g,兑水2~3kg,也可用48%毒死蜱乳油按种子重量的0.3%拌种,拌后堆闷4~6小时便可播种,可有效防治地下害虫。同时,利用15%粉锈宁可湿性粉剂拌种,预防早期条锈病、白粉病。

## 二、覆膜、覆土

1. 人工覆膜覆土

（1）全地面平铺地膜。不开沟压膜，下一幅膜与前一幅膜要紧靠对接，膜与膜之间不留空隙、不重叠。

（2）覆膜时地膜要拉紧，以防苗穴错位，膜面要平整，地膜紧贴地面。

（3）膜上覆土厚度1cm左右。如果覆土过厚，不仅降低降水利用效率，也影响播种深度（穴播机的播种深度4~5cm），播种时易出现浮子或种子播在地膜上，影响出苗，造成缺苗断垄。如果覆土过薄，风吹雨淋会使地膜外露，地膜经阳光曝晒后会自然风化，达不到一次覆膜多茬种植的效果；同时，覆土过薄，压膜不实，容易造成苗孔错位影响正常出苗、大风揭膜、播种孔钻风失墒。

（4）膜上覆土要均匀，薄厚要一致。覆土不留空白，地膜不能外露。

（5）采用方头铁锨在膜侧就地取土，取土时尽量不要挖坑，边取边利用耙耱器整平。每次少量取土，均匀撒开。

图3-4 人工覆膜覆土

（6）覆膜用土必须是细绵土，不能将土块或土疙瘩覆在膜上，影响播种质量。

2. 机械覆膜覆土

机引覆膜覆土机以小四轮拖拉机作牵引动力，实行旋耕、覆膜、覆土、镇压四位一体化作业，具有作业速度快、覆土均匀、覆膜平整、镇压提墒、苗床平实、减轻劳动强度、有效防止地膜风化损伤和苗孔错位等优点，每台每天可完成40亩作业量，作业效率较人工作业提高20倍以上。

技术指标要求：（1）覆土厚度：1cm左右；（2）两幅膜之间不留空隙，膜上覆土均匀度达到90%。

图3-5 机械覆膜覆土

## 三、播种

1. 播种机调试

不同机型和型号的播种机控制下籽的方式方法不同、下籽的最大量和最小量范围不同。种子装在穴播机外靠齿轮控制排放量的穴播机需调整齿轮大小,种子装在穴播机葫芦头内的穴播机需打开葫芦头逐穴调整排放量。播种机调试应由技术人员指导,以免播种过稀或过密。

图3-6 调整穴播机播量、穴播机中加入种子

2. 播期

比当地常规小麦播期推迟7~15天,冬麦区适宜播期为9月25日—10月10日之间。春小麦一般不推迟播期,过早或过迟播种都会影响全膜覆土穴播小麦的增产效果。为了避免覆土板结给出苗造成困难,防止人工放苗现象发生,各地应当在适时晚播的基础上,关注天气预报,尽量避开雨天,在天气晴朗的条件下播种,争取保全苗,为高产稳产奠定基础。

3. 播种规格

播种深度3~5cm,行距15~16cm,穴距12cm,采用宽度为120cm的地膜时每幅膜播7~8行。

4.播种密度

每穴播8~12粒,亩播种量为28万~42万粒、8~12kg,但每穴播量应严格考虑分蘖数,冬麦区应扣除分蘖后计算每穴粒数,春麦区可不计算分蘖数。

各地由于水热条件不同,小麦单株分蘖数不同,播种密度不同;早播密度应稍稀些,晚播密度应稍密些;春小麦以主茎成穗为主,应适当加大播量,春小麦亩播量一般15~20kg;冬小麦应充分考虑分蘖的因素,适当减少播量,亩播量一般8~12kg。冬小麦:300~400mm降水区域,每穴播种8~9粒,亩播量28万~30万粒、8~9kg;400~500mm降水区域,穴距12cm,行距16cm,每穴播种9~10粒,亩播量30万~35万粒、9~10kg;500~600mm降水区域,穴距12cm,行距16cm,每穴播种10~12粒,亩播量35万~40万粒、10~12kg。

5.播种方向

同一幅膜上同方向播种,以避免苗孔错位;播种时,步速要均匀,步速太快下籽太少,而步速慢下籽太多。

6.播种方法

同一幅地膜上先播两边,由外向里播种,既可以控制地膜不移动,又便于控制每幅膜的行数。

7.注意事项

当土壤较湿时,为了避免播种过浅,应在穴播机上加一个土袋施加压力。

8.机械播种

图3-7 人工播种　　图3-8 机械播种

技术指标要求:在机引覆膜覆土的基础上,(1)宽120cm的地膜播8行,工作行距:15~16cm;(2)地膜破口:25×35mm,穴距:12±0.5cm;(3)播种深度3~5cm。

## 四、田间管理

### 1.前期管理

若发现苗孔错位膜下压苗,应及时放苗封口。膜上覆土可以使土壤免受光照还能有效抑制杂草生长,一般不需要人工除草。

图3-9 穴播小麦田间长势

### 2.化学防控

全膜覆土穴播小麦易出现旺长,为了有效控制旺长、徒长,预防倒伏,采取喷施矮壮素的办法控制小麦株高。一般在小麦拔节前,喷施多效唑,高肥力地区每亩70g,中肥力地区每亩60g,低肥力地区每亩50g,浓度1000~2000g/kg。

### 3.根外追肥

冬小麦返青后,或春小麦进入分蘖期后,遇雨及时撒施尿素或硝铵进行追肥,每亩追施尿素10~15kg,或硝铵15~20kg,促壮、增蘖。当小麦进入扬花灌浆期,用磷酸二氢钾、多元微肥及尿素等进行叶面追肥,补充养分,增强抗旱能力,促进灌浆,增加粒重,提高产量。

### 4.病虫害防治

条锈病、白粉病:每亩采用20%粉锈宁(三唑酮)乳油45~60ml兑水进行喷雾防治或用15%粉锈宁可湿性粉剂有效成分8~10g兑水喷雾,连续统防统治2~3次。

麦蚜用50%抗蚜威可湿性粉剂4000倍液、10%吡虫啉1000倍液、3%蚜克星1500倍液兑水喷雾。

麦红蜘蛛用20%哒螨灵可湿性粉剂1000~1500倍液或螨克净2000倍液喷雾。

## 五、适时收获

当小麦进入腊熟末期籽粒变硬即可收获。全膜覆土穴播小麦收获后,要

## 模块三：小麦栽培技术

实行留膜免耕多茬种植，收获时一定要保护好地膜。一般采取人工收获，或采用手动小型收割机进行收获。农用运输车辆及机具不能进地，严禁大型联合收割机进地收割、拉运，确保一次覆膜连续种植多茬。旱地春小麦，切忌用手拔麦，要用镰刀或背负式小型收割机割麦，避免破损地膜。

★拓展学习★

### 旱地大豆全膜覆土穴播栽培技术

一、播前准备

1. 地块选择

大豆忌重茬，选择小麦、玉米、马铃薯、糜谷、胡麻等茬口为宜。

2. 施肥

为了一次覆膜连续多茬种植，要重施有机肥、施足化肥。一般每亩施优质腐熟农家肥3000~4000kg，尿素20kg，过磷酸钙40kg，硫酸钾10~15kg，结合最后一次整地施入。

3. 土壤处理

杂草危害严重的地块，用50%乙草胺乳油100g兑水50kg全地面喷施，喷完后及时覆膜或边喷药边覆膜。大豆是对除草剂反应比较过敏的作物，在选用除草剂时要谨慎。

4. 品种选择

选择株型紧凑、结荚密集、生长旺盛、抗旱、高产、抗倒伏、生育期比较适中、抗病性强的品种。选择中黄30、中黄35、中黄41、冀豆17、汾豆78、晋豆23、齐黄34、沈豆6号、张豆1号等品种。

5. 种子处理

播前进行机械分级和人工粒选，为提高种子发芽率和发芽势，播前应将种子晒2~3天。对大豆种子进行根瘤菌拌种、微肥拌种。每千克种子用钼酸铵1~2g，将钼酸铵放入瓷盆中（不宜用金属容器，以免发生沉淀反应），先用适量温热水将钼酸铵溶解，再加凉水稀释，加水总量与种子量相当，然后与种子拌和，待溶液被种子全部吸收后阴干播种。

二、覆膜覆土

覆土覆膜与全膜覆土穴播小麦相同。

三、播种

1. 播种机调试

种子装在穴播机外靠外槽轮控制排放量的穴播机需调整齿轮大小，种子装在穴播机葫芦头内的穴播机需打开葫芦头逐穴调整排放量。播种机调试应由技术人员指导，以免播种过稀或过密。

2. 播种时期

大豆适宜播种期一般在4月中下旬到5月上旬。

3. 播种方法

采用人工点播器或人力穴播机破膜播种，播深3~4cm，行距45~50cm，穴距18~20cm，每穴播种2~3粒。播后用细砂或草木灰及时封住种孔。人力穴播机播种时，同一幅膜要同向播种，可有效防止播种穴和地膜孔错位，播种机严禁倒推，防止播种孔堵塞，造成缺苗断垄；行走速度要均匀适中，以保证穴距均匀，防止地膜损坏。

4. 播种密度

种植密度根据土壤肥力高低、年降水量和品种特性等因素确定。甘肃省旱作区全膜大豆亩保苗8000~13000株为宜。其中分枝较多的品种如金张掖系列等适宜稀植，分枝较少的品种如中黄35等适宜密植。

四、田间管理

1. 前期管理

大豆出苗后要及时查苗、补苗；播种后遇降水时，要破除播种孔覆盖的土进行引苗，即在大豆子叶破土之前压碎板结，把幼苗从膜孔引出。大豆2~3片真叶展开时间苗，去掉弱苗，3~4片真叶展开时定苗，每穴保留健壮、整齐一致的幼苗1~2株。

2. 中后期管理

大豆生长较弱时，开花前用点播器在2株中间打孔进行根际追肥，每亩追施尿素3~4kg，或在初花期每亩用尿素0.6kg加磷酸二氢钾1.5kg溶于35kg水中进行叶面喷施；每隔10天用0.04%的钼酸铵溶液进行叶面喷肥2次，防止大豆落花落荚。

3. 病虫害防治

主要有霜霉病、枯萎病、病毒病、细菌性斑点病、蚜虫、食心虫、红蜘蛛、孢囊线虫等。

(1) 大豆蚜虫。当大豆蚜虫点片发生并有5%~10%的植株卷叶或有蚜株率达到50%，选用比虫啉、啶虫咪类药剂兑水喷雾防治。

(2) 大豆红蜘蛛。选用阿维菌素类制剂进行喷雾防治。

(3) 大豆食心虫。在成虫发生盛期后1~2天，可用30cm长的秸秆在80%敌敌畏乳油中浸泡3秒制成毒棍,每4垄插一行,每5m插一根,或用溴氰菊酯2.5%乳油15~25ml/亩兑水喷雾。

(4)霜霉病。用25%甲霜灵可湿性粉剂按种子重量的0.5%拌种;田间发病时可用25%甲霜灵可湿性粉剂800倍液喷雾,用药液量为40kg/亩。

(5)大豆菌核病。选用咪鲜胺类或菌核净药剂于发病初期,即田间发现中心病株后喷1次药,隔7~10天进行第2次喷药,可有效防治大豆菌核病。

(6)紫斑病。开花后发病用50%多菌灵可湿性粉剂1000倍液,或70%甲基托布津可湿性粉剂1000倍液喷雾防治。

五、适时收获

当茎和荚全部变黄,荚中籽粒变硬、籽粒与荚壁脱离,叶片全部脱落,用手摇动植株有响声即为最佳收获期。

# 第二节　小麦宽幅匀播栽培技术

**一、精细整地**

选择土层深厚、土质疏松、土壤肥沃的条田、塬地、川旱地、梯田等平整土地。深耕细耙,耕深25~30cm,打破犁底层,不漏耕,增加土壤蓄水保墒能力。深耕要和细耙紧密结合,做到深、细、平、净,无明暗坷垃,达到上松下实。玉米茬口地应采用旋耕机旋耕后镇压。入冬后耙耱弥补裂缝,早春顶凌耙耱保墒。

图3-10 田间整地

## 二、科学施肥

做到深施肥、施足肥。一般化肥用量：亩施尿素22~26kg、过磷酸钙38~63kg、硫酸钾9~18kg。同时，要重施有机肥，每亩3000~5000kg。

旱地冬小麦全部有机肥、磷肥、钾肥及2/3氮肥于播前均匀撒施地面耕翻后作底肥，其余1/3氮肥返青至拔节期作追肥，推广小麦氮肥后移技术。

也可用10%~20%氮肥做种肥，提倡采用播种施肥一体机分层施肥，种肥层应在播种层下方2cm左右。选择适宜作种肥的氮素化肥有硝酸铵、硫酸铵、复合肥料等。尿素、碳酸氢铵、氯化铵对种子腐蚀大，不宜作种肥。

## 三、精细选种

选用高产、优质、抗逆性强的小麦品种。选用单株生产力高、抗倒伏、抗逆性强、株型紧凑、光合能力强、经济系数高的品种。春小麦品种主要有：定西38、定西39、定西40、陇春28、宁春15号、临麦32、临麦33、临麦34、陇春32、定西42、西旱2号。冬小麦品种主要有：兰天26号、兰天27号、兰天31号、陇原034、陇原031、陇原061、西峰27号、西峰28号、庄浪9号、陇鉴301、陇鉴386、中梁25号、泾麦1号、静宁10号等。播前要选用质量高的种衣剂进行种子包衣。

## 四、适度增密，确保亩播量，增加亩穗数

甘肃小麦产区由于气候冷凉，小麦分蘖少、有效分蘖更少（陇东一般旱塬冬小麦有效分蘖0.6~0.7个/单株，中部冬小麦有效分蘖0.2~0.3个/单株，春小麦不足0.1个/单株），靠主茎成穗。宽幅匀播以后，小麦种子之间距离加大，可以适度增加密度，通过增加亩播量、确保亩穗数。春小麦一般亩播量较当地条播增加5~6kg，亩播量35~40kg，确保每亩基本苗45万~55万株。冬小麦一般亩播

量较当地条播增加3~5kg,要通过适度早播增加分蘖、培育壮苗,亩播量15~20kg,有些地区还要高些,确保每亩基本苗30万~40万株。

## 五、实行宽幅精准匀播,提高播种质量

要通过扩大播幅、缩小空行来增加行距,实现宽幅精准匀播。目前机型有8cm、10cm、12cm三种播幅。旱地小麦适宜空行距(即两个播幅之间的空挡)12cm,播幅10cm,行距(=播幅+空行距)22cm。要提早检查宽幅匀播机质量,调试好播种量,严格掌握播种速度(2档速度),播种深度3~5cm,行距要调一致,不漏播,不重播,地头地边补种整齐。

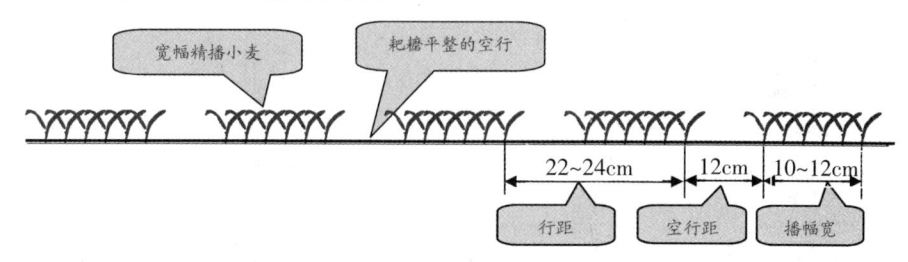

图3-11　旱地小麦宽幅匀播种植模式图

## 六、播后镇压,确保苗全苗壮

播后镇压是提高小麦苗期抗旱能力和出苗质量的有效措施。宽幅匀播机装配有镇压轮,能较好地压实播种沟,实现播种镇压一次完成。

图3-12　宽幅匀播机播种　　图3-13　田间病虫害防治

## 七、及时防治麦田杂草

分蘖~拔节期亩用2.4-D丁酯75g,兑水40kg叶面喷雾防除双子叶杂草,于野燕麦3~4叶期,每亩用世玛3%油悬剂20ml/亩+表面活性剂60ml,兑水30kg

喷雾防治野燕麦。

### 八、氮肥后移，保蘖、增穗、攻粒

在施足基肥的基础上，推广氮肥后移技术。旱地小麦追肥量要达到氮肥总量1/3~1/2，重施拔节期追肥，在冬小麦返青到拔节期，采取耧播、遇雨撒施等方式进行追肥，每亩追施尿素10~15kg；小麦抽穗到扬花期遇雨撒施进行追肥，每亩追施尿素5~8kg。

### 九、全程化促化控技术

冬小麦于越冬前15~20天，用吨田宝30ml、兑水15kg进行叶面喷洒，以壮苗、促根、促分蘖、抗旱、防冻。于小麦拔节初期，亩用矮壮素或壮丰安50~100g，兑水30kg进行叶面喷洒，或用吨田宝30ml、兑水15kg进行叶面喷洒，促弱转壮、保分蘖、促亩穗数、防止倒伏。小麦扬花–灌浆期用0.3%的磷酸二氢钾溶液，每亩30kg喷洒，或用吨田宝30ml、兑水15kg进行叶面喷洒，提高穗粒数、增加粒重。也可结合"一喷三防"一次性亩用磷酸二氢钾100g + 20%粉锈宁乳油50ml + 抗蚜威或30%丰保乳油40ml+吨田宝30ml混配叶面喷雾。一般冬小麦喷三次，春小麦喷两次。

### 十、病虫害防治

条锈病、白粉病每亩采用20%三唑酮乳油45~60ml兑水进行喷雾防治或用15%粉锈宁可湿性粉剂50~75g兑水喷雾，统防统治2~3次。麦蚜用50%抗蚜威可湿性粉剂4000倍液、10%吡虫啉1000倍液、3%蚜克星1500倍液兑水喷雾。

### 十一、一喷三防，统防统治

在小麦生长后期，叶面喷施肥料、杀菌（虫）剂混合液，防病、治虫、补肥，提高产量。从开花后10天开始，酌情进行1~2次"一喷三防"，每次相隔7~10天。要通过喷洒杀菌剂、杀虫剂、植物生长调节剂、微肥、叶面肥等，防病、防虫、防倒伏、防脱肥、防早衰，要做到早预防，早防治，否则会严重影响产量。最好是组织专业机防队进行统防统治，提高药效，降低成本。

图3-14 田间一喷三防统防统治

### 十二、适时抢收，颗粒归仓

完熟期及时机械抢收，以防冰雹危害。秋后降雨较多，不及时收获可能遇到阴雨天气造成穗发芽，影响小麦品质及商品性。因此，要适时收获，防止小麦遇雨穗发芽。

# 第三节　小麦黑色全膜微垄穴播栽培技术

### 一、选地整地

选择地势平坦、土层深厚、土壤肥沃、无石砾的地块，如果选择坡地，坡度小于10°。茬口以豆类、马铃薯、禾本科作物为好。前茬作物收获后，及时深耕灭茬，耕深2cm以上，并用50%辛硫磷乳油0.5kg/亩拌成毒土或毒沙防治地下害虫。覆膜前最好采用机械旋耕，使土壤细绵疏松，耙糖保墒，整平地面。

### 二、配方施肥

全生育期施农家肥3000~5000kg/亩、尿素22~26kg/亩、过磷酸钙38~50kg/亩、硫酸钾9~12kg/亩，其中农家肥、磷肥、钾肥和70%氮肥结合播前整地底施，30%氮肥春季追施。也可应用长效氮肥一次性底施，不追氮肥。

### 三、起垄覆膜，打渗水孔

应提前覆膜，纳雨保墒。地膜选用透光率5%以下，厚度0.013mm，宽度120cm的黑色地膜，用量10kg/亩，最好采用生物降解膜。

1. 单行垄作。采用简易人工起垄覆膜耙开沟起垄，一个作业带起6个微垄，行距17.8cm、垄底宽17~18cm、垄高10cm；起垄后全地面覆盖地膜，随地膜展开用铁锹在膜上撒土，土随重力自然落在沟内，覆土以能压住地膜为目的，覆土量以沟内3~4cm为宜，不易太少或太多，太少则会导致播种时地膜松动，太多则收获后揭膜困难。

图3-15 人工起垄覆膜　　　图3-16 单行垄作田间长势

2. 双行垄作。采用机械覆膜覆土一次完成，每个作业带起三个宽垄。行距33cm、垄底宽32~33cm、垄面宽18~20cm、垄高8cm。下图为全膜垄作机械完成起垄、覆膜、覆土程序。

图3-17 机械起垄覆膜　　　图3-18 双行垄作田间长势

3. 打渗水孔。最好覆膜打孔一次完成，利于降雨入渗。也可以直接在地膜卷上用水泥钉打孔，覆膜开始前，在地膜卷上用中等型号的水泥钉打渗水孔，一个开沟犁后横向打3~4个小孔，每个小孔相距1~2cm，以保证至少有一个孔与沟对准，地膜卷粗时一周打2排孔。为防止渗水孔和沟槽错位，一要起垄覆膜笔直，减少弧型导致渗水孔和沟槽错位，二要随地膜展开即时覆土，防止地膜移动。

### 四、适期播种,保证播量

采用小麦穴播机,在垄上播种,微垄模式每垄种一行,宽垄模式每垄种两行,播深3cm左右,每亩2.8万~3.0万穴,每穴12~15粒,保苗10~12株,亩播量15kg左右,基本苗达到30万株以上。播期应比当地露地适宜播期偏晚5~10天。为保证足墒播种和适期播种,提倡提前覆膜蓄墒,保证适期播种。

### 五、品种选择

选择矮秆、耐旱、抗病、丰产品种。适应全膜垄作穴播的小麦品种主要有兰天26号、中麦175、兰天27号、兰天17号、兰天19号、兰天21号、兰天091、陇原034、陇原061、庄浪9号、陇鉴301、陇鉴386、陇鉴101、陇育4号等。

### 六、田间管理

出苗期要对断垄进行及时补苗。小麦返青期可借降雨撒施尿素5~10kg。对群体密度大、旺长的麦田,可用10%多效唑可湿性粉剂50~60g,每亩兑水50kg在小麦起身前喷雾预防徒长。

### 七、病虫害防治

条锈病、白粉病:每亩采用20%粉锈宁(三唑酮)乳油45~60ml兑水进行喷雾防治或用15%粉锈宁可湿性粉剂有效成分8~10g兑水喷雾,连续统防统治2~3次。

麦蚜用50%抗蚜威可湿性粉剂4000倍液、10%吡虫啉1000倍液、3%蚜克星1500倍液兑水喷雾。

麦红蜘蛛用20%哒螨灵可湿性粉剂1000~1500倍液或螨克净2000倍液喷雾。

图4-19 打渗水孔

# 第四节　小麦膜侧栽培技术

## 一、整地施肥

选择地势平坦，土层深厚，肥力中等以上的旱地。精细整地，使土地达到平整、绵软、疏松、无根茬、无土块、上虚下实。实施配方施肥，播前结合浅耕亩施腐熟农家肥3000kg，尿素20kg，过磷酸钙50kg，硫酸钾20kg。

## 二、品种选择与种子处理

膜侧小麦应选择抗倒伏、抗旱、抗寒、抗病的中矮杆品种，适宜品种主要有：兰天26号、陇鉴386、中麦175、兰天27号、兰天17号、兰天19号、兰天21号、兰天091、陇原034、陇原061、庄浪9号、陇鉴301、陇鉴386、陇鉴101、陇育4号、静麦1号、静宁10号、中梁24号等品种。播前晒种，去杂去劣，进行包衣或用粉锈宁拌种。

## 三、种植规格

膜侧种植选用宽35cm、厚0.01mm的地膜，亩用量3kg。以55cm为一垄带，垄底宽30cm，高10cm，呈圆弧形，保持种植沟宽25cm，小麦行距20cm，要求达到条带一致，地膜两边压实，每隔3~4m在膜上压一土腰带，以防风揭膜。

## 四、适时播种，合理密植

播期应比当地露地小麦播期推迟5~7天，亩播量应根据品种不同，保持在10~13kg为宜。覆盖地膜播种后遇雨要及时松土，破除板结。

## 五、加强田间管理

小麦播种后5~7天要及时用铁耙破除板结松土，促进出苗，麦苗出土后要做好田间查苗补苗，缺苗在20cm以上行段需用同一品种催芽补种，过稠的圪塔苗要进行疏苗。同时要加强地膜保护，确保地膜完好。该技术增温效果明显，小麦返青要比露地栽培早7~10天。及早进行顶凌耙耱保墒，浅中耕，保住返浆

## 模块三：小麦栽培技术

水。对肥力不足地块，可在拔节到孕穗期酌情进行追肥，在雨雪前亩撒施尿素5~8kg。同时，早春加强麦红蜘蛛、叶蝉等防治，拔节后加强白粉病、锈病、麦蚜的防治，并结合喷施磷酸二氢钾、喷施宝等微肥以获高产。

★拓展学习★

### 小麦全膜覆土穴播免耕多茬栽培技术

留膜免耕多茬种植。膜上覆土能够有效保护地膜，较常规地膜覆盖明显延长地膜使用年限，通过免耕栽培地膜可连续使用3~4年，实现多茬种植。通常前茬收获后，保护好地膜，休闲期除草（人工或化学除草均可），追施肥料（雪后追施，雨前追施），适时播种下茬作物。在多年试验示范的基础上，已经总结形成了适宜甘肃省旱作区的留膜免耕两茬种植（小麦—小麦、小麦—油菜、小麦—复种大豆、小麦—胡麻等）、留膜免耕三茬种植（小麦—小麦—冬油菜、小麦—小麦—大豆、小麦—小麦—蔬菜、小麦—胡麻—大豆、小麦—油菜—大豆、小麦—谷子—大豆等）和留膜免耕四茬种植（小麦—小麦—油菜—大豆、小麦—胡麻—大豆—油菜、小麦—大豆—胡麻—油菜、小麦—小麦—大豆—小麦、小麦—谷子—大豆—油菜等）三种集雨保水型免耕多茬种植技术模式。

以上多茬种植形式以小麦为头茬或二茬作物。胡麻、油菜、大豆及谷子等作物也可作为头茬或二茬种植。

(1) 留膜免耕二茬种植小麦。留膜种植二茬小麦，播种时播种穴要与前茬错开，其他栽培技术同上。

(2) 留膜免耕种植油菜。当一茬或二茬小麦收获后，种植冬油菜是较好的轮作倒茬方式。小麦—油菜（复种）是全膜覆土穴播免耕一年两茬种植油菜模式；小麦—小麦（大豆、胡麻）—油菜等则是全膜覆土穴播免耕三茬种植油菜模式；小麦—小麦（胡麻、大豆、谷子）—大豆（谷子、胡麻）—油菜等则是全膜覆土穴播免耕四茬种植油菜模式。油菜播种深度2~3cm，行距30cm，穴距12cm，每穴4~5粒，亩播量9万~11万粒。播种方法：每亩用草木灰25kg，筛后将0.5kg油菜籽和细灰混匀，装入穴播机穴播，每120cm垄幅播4行，其他田间管理措施与露地油菜栽培技术相同。

(3) 留膜免耕种植大豆。水热条件较好的地区，当一茬或二茬小麦收获后，种植大豆是很好的轮作倒茬方式。小麦—大豆（复种）是全膜覆土穴播免耕一年两茬种植模式；小麦—小麦（油菜、谷子、胡麻）—大豆等是全膜覆土穴播免耕三茬种植大豆模式；小麦—小麦（胡麻、谷子、油菜）—油菜（谷子、胡麻）—大豆则是全膜覆土穴播免耕四茬种植大豆模式。播种时间与方法：春播一般在4月中下旬(复种大豆一般在6月下旬7月上旬)用点播器破膜播种,大豆播种深度3~5cm,行距30cm,穴距12~15cm,每穴播种2~3粒,幅宽120cm的地膜种4行,亩播量3.7万~5.5万粒。由于采用地膜覆盖栽培,土壤水分含量较高,易出现营养生长过旺的现象,要注意采取促控相结合的田间管理办法,促进早结荚、多结荚,其他田间管理措施与露地大豆栽培相同。

(4)留膜免耕种植胡麻。它既可以作为头茬作物种植,也适合二、三茬种植,但作为三、四茬种植时前茬最好安排豆科作物。胡麻播种深度3~3.5cm,行距20cm,穴距12cm,每穴5~6粒,亩播量17.5万~20万粒。播种方法:每亩用草木灰25kg,过筛后将2.5kg胡麻籽和细灰混匀,装入穴播机穴播,幅宽120cm的地膜种7~8行。其他田间管理措施与露地胡麻栽培相同。

(5)留膜免耕种植谷子。它既可以作为头茬作物种植,也适合二、三茬种植,但作为三、四茬种植时前茬最好安排豆科作物。谷子播种深度2~3cm,行距20cm,穴距12cm,每穴2~3粒,亩播量5.5万~8万粒。播种方法:每亩用细筛的炕灰50kg,过筛后将0.5kg谷子和细灰混匀,装入穴播机穴播,幅宽120cm的地膜种6行。其他田间管理措施与露地谷子栽培相同。

## 第五节　小麦全膜双垄沟播一膜两年用栽培技术

### 一、保护地膜

在收获全膜双垄沟播玉米时留15~20cm的根茬,或及时将玉米秸秆砍倒覆盖在地膜上,保护好地膜,不要划破地膜,保护地膜在冬季不遭受大风、人为、牲畜等因素的破坏,以防水分蒸发散失。第二年播前7天将玉米秸秆运出地块,扫净残留茎叶,用细土封好地膜破损处。

### 二、选用良种

选择抗旱、抗倒伏、抗条锈病、高产、优质小麦品种兰天26号、兰天27号、兰天17号、兰天19号、兰天21号、兰天24号、陇原034、陇原031、陇原061、西峰27号、西峰28号、庄浪9号、陇鉴301、陇鉴386、中梁24号、中梁25号、天94-3、天863-13、天选43号、平凉44号、平凉45号、静麦1号、静宁10号等。春小麦品种主要有:陇春27号、定西35号、定西38号、定西41号、西旱1号、西旱2号、西旱3号等。

### 三、播期和播种密度

可根据当地自然条件从9月下旬开始,比露地迟播8~10天左右,比新覆膜小麦早播5~8天,采用小麦穴播机进行播种作业,播种时要保持行走速度均匀,土壤墒情好时,每播完一行要及时检查鸭子嘴是否堵塞。可在大垄上播种5行,行距14cm,小垄上穴播2行,行距15~20cm,每穴点播8~10粒,亩保苗25万~27万株。

### 四、种子处理

地下害虫易发区,可选用50%辛硫磷乳油,或48%毒死蜱乳油按种子量的0.2%,即50kg种子用药100g兑水3~5kg拌种,拌后堆闷12~24小时播种。小麦条锈病、白粉病易发区可用15%三唑酮可湿性粉剂按种子量的0.2%,即50kg种子用药100g均匀干拌种子,随拌随播。

### 五、田间管理

(1)前期管理。播种后遇雨要及时破除板结,若发现苗孔错位造成膜下压苗,应及时放苗封口,遇少量杂草则进行人工除草。

(2)追肥。冬小麦返青后,遇雨后应及时撒施(或用穴播机穴施)尿素10~15kg/亩,以促壮增蘖。小麦进入扬花灌浆期,可用1~2g/kg磷酸二氢钾溶液和10~20g/kg尿素溶液进行叶面追肥,以补充养分,增强抗旱能力,促进灌浆,增加粒重,提高产量。

### 六、病虫害防治

为害小麦的生物种类繁多,条锈病、白粉病、红黄矮病、全蚀病、麦蚜、麦红蜘蛛、中华鼢鼠及地下害虫常年发生,危害面广,要及时防治。

(1)条锈病、白粉病。条锈病、白粉病发生时采用20%三唑酮乳油45~60ml/亩兑水50kg进行喷雾防治,或用15%粉锈宁可湿性粉剂750~1125g兑水750kg喷雾防治,统防统治2~3次。

(2)麦蚜。发生时用50%抗蚜威可湿性粉剂4000倍液,或10%吡虫啉可湿性粉剂1000倍液,或3%蚜克星乳油1500倍液喷雾防治。

(3)麦红蜘蛛。用20%哒螨灵可湿性粉剂1000~1500倍液,或40%螨克净油悬浮剂2000倍液喷雾防治。

(4)中华鼢鼠。在中华鼢鼠活动盛期(3月下旬至5月中旬)选用鼢鼠灵毒饵诱杀或弓箭射杀。

## 七、适时收获

当小麦进入腊熟末期籽粒变硬即可收获。一般采取人工收获,或采用手动小型收割机进行收获。

## 八、废旧地膜回收

冬小麦收获后,耙除田间废旧地膜,并注意回收。

★拓展学习★

### 旱地谷子全膜覆土穴播栽培技术

谷子是北方旱作区重要的优质小杂粮,大部分谷子种植区年降水只有300~500mm,由于长期面临春夏持续干旱的威胁,导致谷子每亩产量徘徊在150kg左右,产量低而不稳,效益低下,影响了农民群众的种植积极性,种植面积逐年减少。全膜覆土穴播技术是全地面平铺地膜,再在膜面上覆一层薄土,然后用穴播机播种,达到精量播种。该技术非常适宜在年降水300~600mm的半干旱、半湿润偏(易)旱地区种植,可使谷子平均亩产达到350kg以上,实现旱地谷子的稳产高产。

一、播前准备

1. 地块选择

选择土层深厚、土质疏松、土壤肥沃、坡度15°以下的川地、塬地、梯田、沟坝地等土壤肥沃的平整土地,谷子忌重茬,连作既不利于恢复和提高地力,又加重病虫草害危害,造成大面积缺苗断垄,以豆类、麦类、马铃薯、玉米等茬口较佳。

2. 精细整地

与全膜覆土穴播小麦相同。

3. 施足底肥

全膜覆土穴播一次覆膜连续多茬种植,前茬谷子要重施有机肥、施足化肥。一般每亩施优质腐熟农家肥3000~5000kg,尿素:22~33kg,过磷酸钙:44~63kg,结合最后一次整地施入。

### 4.土壤处理

地下害虫为害严重的地块,每亩用50%辛硫磷或48%毒死蜱乳油0.5kg加水10倍,喷拌细沙土50kg,制成毒土撒施后进行浅耕。

### 5.膜下除草

杂草危害严重的地块,覆膜前用50%乙草胺乳油100g兑水50kg全地面喷施,喷完后及时覆膜。

### 6.地膜选择

选择厚度为0.01mm,宽140cm、120cm或80cm的抗老化耐候地膜,每亩用量8kg左右。

### 7.品种选择

选用抗逆性强及丰产性、商品性和营养性好的陇谷3号、陇谷6号、陇谷8号、陇谷10号、张杂谷3号、张杂谷6号、晋黍8号等品种。清除秕、碎、病粒及杂物,要求品种纯度达到98%,净度达到98%,发芽率达到95%以上。

### 8.种子处理

播种前晒种2~3天,提高种子的发芽势和发芽率。其次是选种,先用清水选,漂去秕籽和草籽,再用盐水(浓度10%)进一步漂去秕粒和半秕粒,然后用清水充分洗去种子上的盐分。最后对种子进行包衣,如果不包衣则对种子进行药剂处理,用种子量0.3%~0.5%的阿普隆或萎锈灵粉拌种,可防治谷子白发病;用种子量0.3%~0.5%的拌种双、粉锈宁或多菌灵可湿性粉剂拌种,可防治谷子黑穗病。

## 二、覆膜覆土

与全膜覆土穴播小麦相同。

## 三、播种

### 1.播种时期

适期播种是发挥其丰产性能的重要措施。甘肃陇中、陇东、陇南适宜播期为谷雨到立夏,即4月中下旬至5月上旬,当土壤5~10cm地温稳定在8℃时,即可播种。

### 2.播种方法

采用人力穴播机播种,首先将穴播机调到最小播量处,将炒熟的谷子或碾碎的牛粪与种子混合均匀播种。如张杂谷种子要按种子和炒熟的谷子以1:1.5的比例混合均匀,调试至每穴保证下籽3~4粒时再进行播种;陇谷系列种子按1:1的比例混合均匀,调试至每穴保证下籽4~5粒时再进行播种。由于土和沙子比较重,最好不要用沙子或土混合播种,以免影响播种质量。

3. 播种规格

播种深度3~5cm,行距28cm,穴距12cm,每穴播3~5粒。同一幅膜上同方向播种,以避免苗孔错位;播种时步速要均匀,步速太快下子太少,步速太慢下子太多。

4. 播种密度

一般每亩播种量当地品种1.0kg,张杂谷系列或陇谷系列0.4~0.7kg。

## 四、田间管理

1. 破除板结

谷子抓苗是田间管理的主要环节,若干土层厚,遇降雨会形成穴眼板结,应及时用铲拍打穴口破除板结,以利出苗。

2. 及时查苗间苗

俗语"谷间苗,顶上粪",间苗是培育壮苗的主要措施,但谷子在干旱年份不易扎根,应在苗高7cm或幼苗五叶一心时开始间苗,间苗时注意拔掉病、小、弱苗,一般间苗两次即可。

3. 适时定苗

按照"肥地宜稠,薄地宜稀,留壮苗,留匀苗"的原则留苗,于7叶定苗。张杂谷系列品种每穴留2~3株,每亩保苗2万~2.5万株,雨水好时张杂谷还有分蘖;陇谷系列或其他品种每穴留3~5株,每亩保苗2.5万~3万株,陇谷系列一般没有分蘖。

4. 补肥追肥

拔节、抽穗期对墒情较好、肥力不足的地块,可根据长势适量追肥。可随降水撒施尿素5kg,或选用喷施宝1500倍液或5g/kg磷酸二氢钾与尿素的混合液,田间常量喷雾,每隔7~10天喷一次,连喷2~3次,促进籽粒饱满。

5. 病虫害防治

谷子虫害苗期主要是谷叶甲,后期主要是钻心虫等。

(1)农业防治。采用早播种,促苗早发,早期拔除枯心苗,以减轻危害。

(2)药剂防治。采用喷洒25%杀灭菊酯乳油2000~3000倍液或甲氰菊酯乳油3000~4000倍液防治。

6. 收获贮藏

谷子适宜收获期一般在腊熟末期或完熟初期最好。甘肃谷子收获时间一般在9月下旬,当谷穗颖壳变黄,籽粒变硬,谷穗"断青"时及时收获。收获过

## 模块三：小麦栽培技术

早,籽粒不饱满,谷粒含水量高,出谷率低,产量和品质下降;收获过迟,纤维素分解,茎秆干枯,穗码干脆,落粒严重。如遇雨则生芽、使品质下降。谷子脱粒后应及时晾晒,一般籽粒含水量在13%以下可入库贮存。

### 7.留膜免耕多茬种植

谷子收获后,保护好地膜,休闲期除草(人工或化学除草),用穴播机追施肥料,适时播种下茬作物。谷子属禾本科作物,由于其根系发达,对土壤养分消耗大,留膜免耕二茬、三茬种植以大豆、油菜、胡麻等作物为宜,也可种植小麦,作物生育期最好追施氮磷肥料。小麦一般在留膜免耕二茬中种植,不提倡在留膜免耕三茬、四茬中种植。东南部冬麦区可在谷子收获后免耕种植冬小麦。

★复习思考题★

1.旱地小麦全膜覆土穴播栽培技术要领有哪些？在进行全膜覆土穴播栽培过程中如何防止苗穴错位现象发生,怎样减少人工放苗？

2.小麦宽幅匀播栽培技术的核心是什么？它与普通机条播的主要区别是什么？

3.小麦黑色全膜微垄穴播栽培技术的核心点是什么？它与小麦全膜覆土穴播栽培技术的主要区别是什么？

4.小麦膜侧栽培技术要领有哪些？

5.总结归纳当地小麦全膜覆土穴播免耕多茬栽培技术的主要模式。

6.总结归纳当地小麦全膜双垄沟播一膜两年用栽培技术的主要模式。

# 第五章　旱作区小麦品种介绍

•学习任务及指导•

1.掌握品种选择的原则,因地制宜选择适宜栽培品种,确保将高产稳产、优质、抗逆性强的品种应用于生产。

2.了解甘肃省主要推广品种的特征特性,在生产中有目的的选择所需品种和通过正规渠道审定的品种,打击假冒伪劣种子。

## 第一节　品种选择的原则

正确选择小麦品种,是实现小麦高产的关键。面对市场上种类繁多的小麦品种,在选择小麦品种时,应把握好以下几个原则:

一是因地制宜选择小麦品种。甘肃省地域广阔,生态条件差异较大,因此各地选择小麦品种要根据当地的自然气候、栽培条件、产量水平、耕作种植制度选择。如平凉、庆阳要选择冬性和强冬性品种,天水、陇南则要选择半冬性品种,中部冬春麦混作区要选择强冬性品种。

二是选择经过甘肃省或者是农业部审定的品种。目前市场上品种多且杂,为了确保种植收益,要选择近年来经过甘肃省农作物品种审定委员会或国家农业部农作物品种审定委员会审定的品种,根据审定委员会发布的公告上的适宜区域进行选择,跨区域引进要经过试验示范,然后进行推广应用。

三是选择高产、优质、抗逆性强、适应性强的品种。干旱缺水年份要实现稳产,风调雨顺年份要实现高产。甘肃省是小麦条锈病夏孢子的适宜越夏地,因此抗条锈病是小麦抗逆性的首要选择,所应用品种的抗条锈病能力达到中抗—抗水平。

四是抗旱性是旱地小麦栽培中必须具备的特性。选择小麦根系发达、叶面积相对较小、分蘖成穗率高、结实型好、蒸腾系数较小、光合利用率较强品种。

五是选择适宜机械化操作的品种。目前农村劳动力少,特别是壮劳力更少,收获劳动强度大,为了减少劳动量,降低劳动强度,节省劳动成本,要选择抗倒伏、口紧的小麦品种。

# 第二节 旱作区小麦品种布局

结合国家农业部农作物品种审定委员会和甘肃省农作物品种审定委员会审定结果,以及有关部门对品种适应性布局的意见,下表列出了不同类型区的主导品种和搭配品种。见表3-2。

表3-2 甘肃省小麦不同生态类型区适宜品种

| 分区 | 种植带 | 主栽品种 | 搭配品种 |
| --- | --- | --- | --- |
| 渭河上游冬麦区 | 渭北全部浅山区,葫芦河、散度河流域及清水河以北低山区 | 天选47号、天选50号 | 天选45号 |
| | 渭河以南及渭北东部牛头河、清水河流域全部低山区 | 兰天26号、兰天27号、中梁26号、中梁27号 | 兰天21号、兰天22号 |
| | 海拔1800米以上的全部冬小麦区 | 兰天26号、兰天27号、兰天29号、中梁31号 | 兰天19号、兰天20号 |
| | 所有适宜地膜小麦种植的半山干旱及高山区 | 兰天25号、兰天27号、天选51号 | 天选50号、兰天30号 |
| 陇南湿润冬麦区 | 嘉陵江流域 | 兰天23号、兰天24号、兰天25号、兰天30号、兰天34号、兰航选01号、潘列 | 兰天17号、兰天19号、兰天21号、兰天26号、兰天27号、兰天30号、成县10号、成县11号、成县13号 |
| | 西汉水流域 | 兰天18号、兰天19号、兰天21号、兰天22号、兰天23号、兰天24号、兰天25号、兰天26号 | 兰天28号、兰天29号、兰天30号、兰天31号、中梁27号 |
| | 白龙江流域 | 绵阳35号、绵阳36号、川麦42号、潘列、川麦107号、中梁17号 | 绵阳30号、绵阳31号、绵阳32号、陇原935、陇原994、兰天19号、兰天23号 |

续表

| 分区 | 种植带 | 主栽品种 | 搭配品种 |
|---|---|---|---|
| 陇东冬麦区 | 东南部川塬区 | 陇育3号、陇育4号、陇育5号、长6878、西农928、西平1号、兰天32号、兰天28号、平凉44号、陇鉴386、长武521、陕麦168、长武134 | 陇鉴301、烟农18号、兰天28号、晋麦54号、晋麦79号、陇鉴103、陇鉴108、西峰27号、中麦175、平凉44号 |
| | 中部山塬区 | 陇育3号、陇育4号、陇育5号、宁麦5号 | 陇育1号、陇育2号、陇鉴386、陇鉴101、陇育6号 |
| | 北部干旱山区 | 环冬4号、陇育2号、陇育3号、陇育4号 | 环冬1号、榆林3号、陇育5号 |
| | 东部子午岭沿山区 | 西峰27号、陇育2号、陇育5号、宁麦9号 | 西峰28号、长6878、宁麦5号、晋麦79号 |
| | 西北部寒旱山区 | 静麦2号、静麦3号、静冬0441、静宁10号、中梁24号、庄浪9号、兰天17号、兰天13号、兰天24号、西峰26号、平凉44号、平凉40号、西峰27号 | 静麦1号、兰天31号、兰天23号、中优9507、兰天19号、西峰27号、宁麦5号、平凉45号 |
| | 西南部阴湿山区 | 陇原031、长旱58、兰天20号、兰天22号、02鉴5号 | 中优9507号、陇鉴386号、兰天26号、中梁27号 |
| 中部冬麦区 | 中、北部半干旱区 | 静麦1号、静麦3号、陇中1号、陇中2号、中梁27号、中梁24号 | 陇育4号、平凉45号、天选47号、天选48号、天选50号、天选51号、兰天27号、兰天28号 |
| | 高海拔二阴区 | 临农92362、兰天26号、静麦1号、静麦3号 | 陇中1号、陇中2号、兰天26号、兰天27号、泾麦1号、陇育5号 |

# 第三节　旱作区小麦主要品种简介

表3-3　甘肃省旱作区小麦主要品种一览表

| 属性 | 品种名称 | 特征特性 | 产量表现 |
|---|---|---|---|
| 冬小麦 | 兰天26号 | 生育期242天,株高75~105cm,株型紧凑。穗长方形,白壳,无芒。穗长6.0~9.0cm,小穗数12.0~19.0个,穗粒数31.6~38.9粒,千粒重43.4~48.4g。 | 一般亩产420kg左右。 |
| | 兰天30号 | 冬性,幼苗半匍匐,生育期241天。株高76.2cm,穗长方形,颖壳白色,顶芒。穗长8.0cm,小穗数17.0个;穗粒数43.8粒。籽粒白色,千粒重40.3g。 | 亩产410~490kg。 |
| | 兰天31号 | 幼苗半匍匐。生育期232~280天。株高62~95cm,穗长方形,有稀疏顶芒,白壳。护颖长圆形、方肩,穗长6.0~7.8cm,小穗数14.0~16.6个,穗粒数30.5~38.0粒;籽粒卵圆形、白色、角质。千粒重44.0~53.3g。叶片功能期长,落黄性好。 | 平均亩产458.0kg |
| | 西峰27号 | 生育期275天,株高100cm左右,株型紧凑。穗长方形,长芒白壳,穗长8~11cm,穗粒数18~48粒。籽粒白色、卵圆形、角质。 | 一般亩产250kg左右。 |
| | 中麦175 | 生育期278天,株高72cm左右。株型紧凑。穗纺锤型,长芒、白壳、白粒,籽粒半角质。穗粒数31.6粒,千粒重41.0g。 | 一般亩产460~550kg。 |
| | 陇育5号 | 冬性,生育期280天,株高73~105.3cm。穗纺锤型,长芒、白壳、白粒、角质,穗粒数23.7~36个,千粒重33.95~45.4g,容重803~820g/L。 | 一般亩产280~350kg。 |
| | 陇育4号 | 生育期270~274天,株高80~90cm。穗纺锤形,长芒、白壳。穗粒数32~38粒,容重813~833g/L,千粒重33.24~40.48g。 | 一般亩产310kg左右。 |
| | 天选50号 | 冬性。生育期279天。幼苗生长匍匐,平均株高103cm。叶色深绿、旗叶宽短,半披垂。穗长方型,白穗长芒。粒红色、椭圆。穗长6.6cm,结实小穗14个左右,穗粒数平均35粒。千粒重平均44.7g。 | 一般亩产360~410kg。 |

续表

| 属性 | 品种名称 | 特征特性 | 产量表现 |
| --- | --- | --- | --- |
| 冬小麦 | 天选51号 | 冬性,生育期248天左右。幼苗半匍匐,穗为棍棒形,护颖白色,无芒。株高90.4cm,穗长平均7.12cm,小穗数15.0个,穗粒数38.1粒。单株有效分蘖1.45个,籽粒椭圆形,浅红色,半角质,容重834.1g/L,千粒重43.9g。 | 一般亩产400~440kg。 |
| | 天选52号 | 冬性,生育期257天。幼苗直立,叶片深绿色。株高98.5cm,株型紧凑。穗长方形,白壳,顶芒。穗长6.85cm,结实小穗14.5个,穗粒数36.5粒。籽粒红色,半硬质,千粒重48.41g。容重777.2g/L。 | 亩产350~410kg。 |
| | 中梁27号 | 冬性,幼苗生长匍匐,分蘖力强,叶披垂,叶色深绿。株高100cm,秆细而韧,抗倒伏,成穗率高,株型紧凑,生长整齐,落黄好。穗长7.4cm,纺锤形,穗白色,顶芒;籽粒红色、卵圆型;每穗结实小穗14.4个,穗粒数30.8粒;千粒重37.6g,容重789.7g/L。生育期265天。 | 一般亩产400kg左右。 |
| | 中梁31号 | 生育期259天,幼苗匍匐,叶片平伸,灰绿色,株高92.2cm。穗纺锤型,白色,顶芒。穗长7.5cm,穗粒数39.3粒,籽粒红色,椭圆型,硬质。千粒重42.5g,容重752.0g/L。 | 一般亩产420kg左右。 |
| | 陇鉴386 | 生育期273天。幼苗生长习性匍匐。株高84cm,平均亩最高茎数103万个,亩成穗数30.1万个,越冬率平均97.67%。穗长8.4cm,长方形,长芒,白壳。籽粒椭圆形,白色。穗粒数33粒,千粒重42.63g。 | 一般亩产250kg左右。 |
| | 临农9555 | 冬性小麦,幼苗半匍匐,浓绿色,生育期265天,株高117cm。穗棍棒型,顶芒,白壳。籽粒卵圆,白色,角质,千粒重47.18g。 | 一般亩产430kg左右。 |
| | 陇中3号 | 冬性,中晚熟,生育期246~283天,幼苗习性匍匐,叶色深绿,分蘖力强,有效分蘖3~5个,株高85~120cm,穗长6.3~8.0cm,穗形棍棒,白壳,无芒,结实小穗15个,穗粒数40~45粒,穗粒重1.5~2.0g,千粒重43.0~47.5g,籽粒长卵圆形,白粒硬质。 | 一般亩产231~299.7kg。 |

续表

| 属性 | 品种名称 | 特征特性 | 产量表现 |
|---|---|---|---|
| 春小麦 | 陇春27号 | 春性,成熟期比对照定西35号早熟5天。幼苗直立,分蘖力强,苗绿色,叶片窄、长披垂,茸毛多。平均株高72cm。穗纺锤形,长芒,白壳,红粒,口紧不易落粒,籽粒半角质、饱满。平均亩穗数25.0万穗,穗粒数27.6粒,千粒重39.0g。 | 一般亩产180~228kg。 |
| | 甘春32号 | 春性,中熟偏晚,生育期105天左右。幼苗半直立,叶色深绿,叶片狭长。株高90cm,有效分蘖2.5个。穗纺锤形,长芒,白穗,籽粒椭圆形,白粒,角质,角质率95%以上,平均每穗结实小穗15个,穗粒数34粒,千粒重平均40.6g。 | 一般亩产量230~280kg。 |
| | 甘春27号 | 春性,生育期105天。幼苗直立,叶片浅绿色、半披。株高94.8cm,株型紧凑。穗长方型,长芒白穗。穗长7.6cm,小穗数18个,穗粒数33粒,籽粒白色、角质,千粒重43.73g。 | 一般亩产247~278kg。 |
| | 定西41号 | 春性品种,幼苗匍匐,根系发达,茎秆较粗、有蜡质,韧性强,弹性好,抗倒伏,穗下节较长,一般35~40cm,叶片有茸毛。株型紧凑。穗纺缍型,长芒,护颖白色、无茸毛,籽粒椭圆形,腹沟较浅,白粒、角质。生育期114天左右,株高90cm左右。结实小穗数16个,穗粒数36粒左右,千粒重48g左右。 | 一般亩产210kg左右。 |
| | 定西42号 | 春性,中熟偏晚,生育期105天左右。幼苗半直立,叶色深绿,叶片狭长。株高90~105cm,有效分蘖2.0~3.0个。穗纺锤形,长芒白穗,籽粒椭圆形,白粒、角质,角质率95%以上,平均每穗结实小穗14~16个,穗粒数31~36粒,千粒重平均36.5~46.8g,容重627.2~735.8g/L。 | 一般亩产186~222kg。 |
| | 西旱2号 | 春性,早熟,生育期82~146天,较定西35早熟7天以上。幼苗半直立,叶色深绿。旱地株高65cm左右,个别高寒阴湿区可达95cm以上。穗长方型,白芒,红粒,硬质。平均亩穗数25万穗,穗粒数24粒,千粒重44.5g。 | 一般亩产154~178kg。 |

# 第六章 旱作区小麦主要病虫草害及其防治

• 学习任务及指导 •

1. 掌握当地小麦主要病害、虫害、草害的特征特性、发生规律。

2. 做到及早预测预报,以预防为主,采用农业防治、物理防治和化学防治相结合的防治措施,按照国家农业部的规定,采用低残留农药,保障小麦食品安全。

## 第一节 病害及防治

### 一、小麦条锈病防治

小麦上发生的锈病有条锈病(Puccinia striiformis West.f.sp.tritici Eriks et Henn)、叶锈病(Puccinia recondita Rob.ex Desmaz.f.sp.tritici Eriks et Henn)、秆锈病(Puccinia graminis Persf sp tritici Eriks et Henn)三种,都是以夏孢子在麦类作物上逐代侵染而完成周年循环,是典型的远程气传病害。其中,以小麦条锈病分布最广,危害最重。

1. 小麦条锈病症状

小麦条锈病主要发生在叶片上,其次为叶鞘和茎,颖壳和芒上也可发生。感染条锈菌后,开始叶处出现退

A条锈病夏孢子排列成行,B散出黄色粉末,C"锁口黄"D冬孢子堆,E叶锈病,F秆锈病

图3-20 小麦三种锈病症状比较图

绿晕斑,然后产生鲜黄色的夏孢子堆,夏孢子堆较小,长椭圆形,在成株叶片上沿叶脉纵向排列成行,呈虚线状。在幼苗叶片上以侵入点为中心,呈多重轮状排列。夏孢子堆成熟后轻微开裂,散出夏孢子为黄色粉末。小麦接近成熟时,在叶鞘和叶背上产生黑色的冬孢子堆。冬孢子堆短线状、扁平,常数个愈合,埋在表皮内,成熟时不开裂(图3-20)。

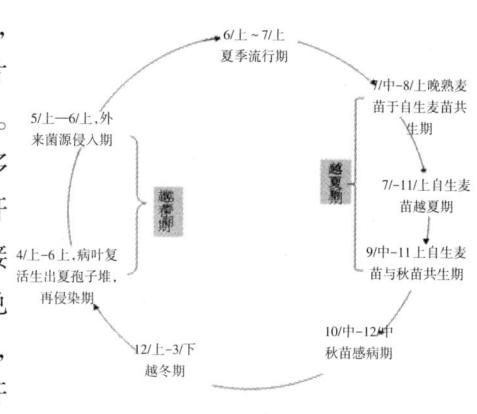

图3-21　小麦条锈病侵染循环图(庄浪)

2.小麦条锈病发病规律

小麦条锈病菌主要以夏孢子在小麦上完成周年侵染循环。尚未发现病菌的转主寄主。其侵染循环可分为越夏、侵染秋苗、越冬及春季流行四个环节。小麦条锈菌在中国甘肃的陇东、陇南、青海东部、四川西北部等地夏季最热月份旬均温在20℃以下的地区越夏。秋季越夏的菌源随气流传播到中国冬麦区后,遇有适宜的温湿度条件即可侵染冬麦秋苗,秋苗的发病开始多在冬小麦播后1个月左右。秋苗发病时间及多少,与菌源距离和播期早晚有关,距越夏菌源近、播种早则发病重。当平均气温降至1℃~2℃时,条锈菌开始进入越冬阶段。甘肃12月中、下旬平均气温降低到1℃左右进入越冬,多数以潜育菌丝形态在活的叶片组织内越冬,文县、武都区、徽成盆地一带,夏孢子堆可以直接越冬,并在气候温暖湿润时,仍有少量病菌可以进行再侵染,1月平均气温-6℃~-7℃,为条锈菌越冬的临界温度,但在冬季覆雪时间较长的条件下,即使在-10℃的低温下,条锈菌也能安全越冬,高湿也有利于病菌越冬,沿河灌区、阴坡麦田越冬率高。翌年小麦返青后,越冬病叶中的菌丝体复苏扩展,当旬均温上升至5℃时显症产孢,如遇春雨或结露,病害扩展蔓延迅速,引致春季流行,成为该病主要为害时期。在具有大面积感病品种前提下,越冬菌量和春季降雨成为流行的两大重要条件。如遇较长时间无雨、无露的干旱情况,病害扩展常常中断(图3-21)。

3.小麦条锈病调查记载标准

(1)普遍率。为发病叶片数占调查叶片总数的百分率,用以表示发病的普遍程度。普遍率(%)=病叶数/调查总叶数×100

(2)严重度。指病叶上条锈菌夏孢子堆所占据的面积与叶片总面积的相对百分率,用分级法表示,设1%、5%、10%、20%、40%、60%、80%和100%八级。叶片未发病,记为"0",目测估计严重度,记载平均严重度。平均严重度(%)=Σ(各严重度级别×各级病叶数)/调查总病叶数(图3-22)。

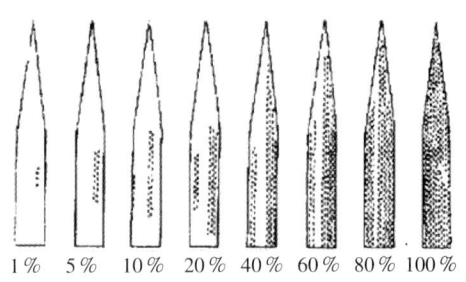

**图3-22 小麦条锈病严重度分级标准图**

(3)反应型。是根据小麦过敏性坏死反应有无和其强度划分的病斑类型,用以表示小麦品种抗锈程度,按0、0;、1、2、3、4六个类型记载,各类型可附加"-"或"+"号,以表示偏轻或偏重。反应型划分标准如下:0(免疫型):叶上不产生任何可见的症状;0;(近免疫型):叶上产生小型枯死斑,不产生夏孢子堆;1(高度抗病型):叶上产生枯死条点或条斑,夏孢子堆很小,数目很少;2(中度抗病型):夏孢子堆中等大小,较少,其周围叶组织枯死或显著褪绿;3(中度感病型):夏孢子堆较大、较多,其周围叶组织有褪绿现象;4(高度感病型):夏孢子堆大而多,周围不褪绿。

(4)病情指数。为了表示小麦条锈病发生的平均水平,可将普遍率与严重度计算成病情指数。病情指数(%)=普遍率×病叶平均严重度×100

(5)病田率。指发生条锈病的田块占全部调查田块的百分率。每块调查田面积不小于$334m^2$,随机选取。病田率(%)=病田数/调查总田数×100

**4.小麦条锈病综合防治**

(1)繁殖和推广抗病品种。选育和引进抗病品种是防治小麦条锈病最经济有效的技术措施。

(2)伏秋深耕,消灭自生麦苗。小麦收获后,及早深耕灭茬,曝晒土垡,接纳雨水,一般伏耕2~3次,麦田既没有自生麦苗,又无杂草。

(3)精细整地,合理施肥。播种前,在"增施有机肥,重视钾肥,保持磷肥,少施氮肥"的原则下,将土肥与化肥均匀撒在地表,耕入土壤中,拾净田间麦苗,杂草,耱平待种。

(4)铲除自生麦苗。复种作物(荞麦、糜子、蔬菜、油菜、绿肥、牧草)田间,场边路旁和未耕翻麦田中的自生麦苗,通过中耕、铲除、耕翻的措施,在冬小麦播种之前彻底消灭。

(5)推广机播小麦,早春深施氮素化肥技术。通过追肥深施耙耱,碰掉麦株基部越冬的老病叶。

(6)适期播种,培育壮苗。早播麦田发病重,迟播麦田发病轻。

(7)应用种子包衣和药剂拌种技术,控制越冬区病情。根据越夏菌源调查和秋苗期病情预报,如果是早发(越冬)区病重,越冬基数高的年份,应大力推广小麦种子包衣或药剂拌种技术,降低秋苗发病,减少菌源积累,进而推迟早春发病,同时兼治种传、土传白粉病、腥黑穗病、全蚀病、根腐病。种衣剂选用40%卫福悬浮剂,或2.5%适乐时悬浮剂,按种子重量的0.1%~0.2%包衣;拌种农药选用杀菌谱广、高效、长效的15%粉锈灵WP(可湿性粉剂,下同),或33%纹霉净WP等按种子重量的0.2%干拌种,药效期达80~90天,推迟早春发病期15~20天。

图3-23 小麦白粉病在不同部位的症状

(8)及时采用药剂防治措施。小麦条锈病在中度偏重、大发生年份应采用15%粉锈宁WP75g或20%三唑酮EC(乳油)60ml,25%敌力脱EC33g加水30~45kg在小麦叶面均匀喷雾,对条锈病、白粉病、叶斑病均有效,一般喷药防治1~3次。

## 二、小麦白粉病防治

小麦白粉病(Blumeria graminis(DC.)Speer Erysiphe granninis Dc E. graminis Dc.f.SP.eritici Marchal)是一种仅次于条锈病的世界性病害,该病可侵害小麦植株地上部各器官,但以叶片和叶鞘为主,发病重时颖壳和芒也可受害。

1.症状

小麦从幼苗到成株,均可被病菌侵染。主要为害叶片,严重时也为害叶鞘、茎叶和穗部。病斑近圆形或长椭圆形。病斑最初出现白色霉点,以后逐渐扩大成白色霉斑。病重时病斑连成一片,表面覆盖白色至灰色的霉层,霉层的厚度可达2mm左右。霉斑表面的白粉,即为病菌无性阶段产生的分生孢子。以后,白粉状霉层逐渐变为灰白色至淡褐色,并散出许多黄褐色至黑褐色的圆粒,即病菌有性阶段产生的闭囊壳。一般叶正面的病斑多于背面,下部叶片重于上部。发病最重时,整株均被灰白色的霉层覆盖。被害叶片的组织在初期无明显变化,随着病情的发展,叶片发生褪绿、发黄乃至枯死。颖壳受害时,能引起枯死,致使麦粒不饱满。病重时,植株矮而弱,穗短小或不抽穗。

2.流行规律

病菌靠分生孢子或子囊孢子借气流传播到感病小麦叶片上,遇有温湿度条件适宜,病菌萌发长出芽管,芽管前端膨大形成附着胞和侵入丝,穿透叶片角质层,侵入表皮细胞,形成初生吸器,并向寄主体外长出菌丝,后在菌丝丛中产生分生孢子梗和分生孢子,成熟后脱落,随气流传播蔓延,进行多次再侵染。病菌在发育后期进行有性繁殖,在菌丛上形成闭囊壳。病菌在甘肃省的越夏方式有二种,一是分生孢子越夏,是主要的越夏方式,凡夏季最热一旬的平均温度低于24℃的地区或年份,病菌以分子孢子存活于晚熟冬、春麦而顺利越夏,继而从晚熟冬、春麦侵染自生麦苗,病害自高海拔向低海拔麦区蔓延。二是闭囊壳越夏,夏季雨水正常或较多年份,田间病残体上的闭囊壳,可陆续产生子囊孢子侵染自生麦苗。干旱少雨年份,闭囊壳能顺利越夏,其产孢能力可持续到9月下旬以后。所以在高海拔麦区,闭囊壳可作为早播麦田的菌源之一。甘肃小麦秋苗发病规律是,在病菌越夏区发病早且重,非越夏区则发病较晚、发生较轻或不发病。越夏区发病程度又与越夏菌量、小麦播种期及秋季气象条件有关。一般越夏菌量大,冬小麦播种期偏早,温湿度偏高,则秋苗发病较重。陇东麦区菌源越夏面广量大,播期早而集中,秋苗病情重于陇南。条件适宜年份,小麦白粉病在秋苗期即可流行并造成危害。小麦白粉菌可以以分生孢子的形态越冬,或以菌丝体潜伏在寄主组织内越冬。影响病菌越冬率的主要因素是温度,其次是湿度。若冬季温暖,雨雪较多,土壤湿度较大,则有利于病菌越冬。陇东虽然秋苗病情较重,但因冬季雨雪少、寒冷干燥,而越冬率较低。只有在暖冬、降雪偏多的年份,越冬率较高。陇南秋苗病情虽较轻,但因冬季温湿度适宜,故越冬率高。在陇南南部川坝河谷区,白粉菌冬季可持续侵染蔓延,为该区春季病害流行提供大量菌源。小麦白粉病春季的发生与流行,主要取决于:(1)菌源。春季菌源量取决于秋季发病程度及病菌越冬率的高低,大流行年的菌源主要来自当地菌源。(2)温度。早春旬均温高于10℃的时段出现早,则始病期早;冬小麦起身期至拔节期的高温,有利于病菌的再侵染;抽穗期日均温度连续高于22℃时,则可抑制病害的蔓延。(3)雨量。小麦返青至拔节期,较多的降雨有利于分生孢子的生成和传播。但雨量过多,特别是连续降雨,则对病害的流行不利。

3.调查记载标准

小麦白粉病的严重度,是指病叶(茎)上白粉病斑面积所占叶片(茎秆)总面积的相对百分率表示,分级法设1%、5%、10%、20%、40%、60%、80%和100%八级。叶片未发病,记为"0",目测估计严重度,记载平均严重度。平均

严重度(%)=Σ(各严重度级别×各级病叶数)/调查总病叶数。小麦白粉病的流行程度按五级标准监测(表3-4)

表3-4 小麦白粉病监测标准

| 流行级别 | 流行程度 | 发病面积占小麦播种面积比(%) | 流行盛期病情指数 | 减产率(%) |
| --- | --- | --- | --- | --- |
| 1 | 轻度发生 | ≤20 | <10 | 基本不减产 |
| 2 | 中度偏轻流行 | 20.1~30 | 10.1~20.0 | 5.0~10.0 |
| 3 | 中度流行 | 30.1~40 | 20.1~30 | 10.1~15 |
| 4 | 中度偏重流行 | 40.1~50 | 30.1~40 | 15.1~20 |
| 5 | 大流行 | >50.0 | >40.0 | >20 |

4.综合防治

(1)种植抗病品种。小麦白粉病菌有明显的寄生专化性,同时品种间的抗病性也有显著差异,应因地制宜选用抗病丰产良种。

(2)药剂防治。应加强前期防治,对发病中心和中心病团要及时喷药防治。早春要全面检查,继续防治,争取在3月气温全面回升前消灭菌源,控制病害继续扩散。药剂防治选用15%粉锈灵50~60g/亩或25%粉锈灵35g/亩,兑水50~75kg喷雾。施用粉锈灵以孕穗至破口期施药较好,施1次即可。对于特别严重的病田增加施药次数,也可用50%甲基托布津可湿性粉剂800~1000倍液或70%甲基托布津可湿性粉剂1500倍液喷雾防治。

(3)加强栽培管理。一是适期适量播种。控制田间群体密度,秋苗发病重的地区适当晚播,根据品种特性和播种期控制播量。二是拌种。在秋苗发病较重的地区,可按种子重量的0.2%施用15%粉锈宁。也可用烯唑醇按种子量的0.2%进行拌种,可防治小麦苗期白粉病、锈病和根部病害。三是合理施肥。控制氮肥用量,增加磷钾肥特别是磷肥施用量。四是合理灌水,降低田间湿度。应根据墒情进行冬灌,减少春灌次数,降低发病高峰期的田间湿度。但发生干旱时,应及时灌水。

## 三、小麦全蚀病防治

小麦全蚀病(Gaeumannomyces graminis(Sacc.) Arx et Oliver var. tritici (Sacc.) Walker)是世界各小麦产区危害十分严重的一种土传病害,一旦发生,蔓延较快,从零星发病到成片死亡通常仅需3年时间,轻者减产10%~20%,重者减产一半以上,甚至绝收。发病后如不及时采取措施,其病菌会大量积累,将造成更严重的危害。

1.症状

小麦自苗期至生长后期均可发病,但小麦抽穗前一般不表现症状。病菌侵染的部位只限于小麦根和茎基部的1~2节。地上部其他症状的出现,都是根及茎基部受害所引起。冬前分蘖期,病株矮小,分蘖减少,基部叶片发黄,种子根及根茎呈灰黑色;返青期表现返青较慢,黄叶增多;拔节期病株矮小,叶片自下而上发黄。初生根和次生根大部分变黑,茎基部表面和叶鞘内侧有较明显的灰黑色菌丝层;小麦灌浆至黄熟期,症状最为明显,病株早死者形成白穗,遇雨后,常因霉菌腐生病穗呈污褐色。近地表1~2cm处,有似"黑膏药"状的菌丝层。剥开最低一片叶的叶鞘,可见叶鞘内侧表皮及茎杆表面长满紧密交织的黑色菌丝座和成串连接的菌丝结。病株死亡之后,其根、茎、叶鞘内侧,还可见到黑色颗粒状突起的子囊壳。土壤干旱时,黑脚及黑膏药特征不明显,也不形成子囊壳,但茎基和根变成黑褐色,出现白穗。"黑脚"和"白穗"成株期所特有的症状(图3-24)。

3-24 小麦全蚀病田间与根部症状

2.流行规律

小麦全蚀病属于真菌性病害,病原为禾顶囊壳菌。病菌主要以菌丝体在土壤内的植株病残体及带菌粪肥中越冬、越夏,是后茬小麦的主要侵染源。引种混有病残体种子是无病区发病的主要原因。麦收后遗留在病根茬上的休眠菌丝体成为下茬初侵染源,小麦播种后即可侵染,并陆续出现苗枯、黑脚、黑膏药、白穗等症状。小麦整个生育期均可受害,但以幼苗期和苗高15cm时被害最为严重。病株多在灌浆期出现白穗,遇干热风,病株加速死亡,病害的发生轻重受多种因素影响。小麦全蚀病菌属好气性真菌,发育温度界限3℃~35℃,适宜温度19℃~24℃,致死温度为52℃~54℃(温热)10分钟。土壤性状和耕作管理条件对全蚀病影响较大。小麦连作1~3年发病轻,连作3~4年发病重,连作6~7年达到高峰,当病害发展到高峰后,在不采取任何防治措施情况下,有自然减少的现象;土壤肥力高则病害发展缓慢,土壤缺肥病重,施用铵态氮肥及增施磷肥可明显减轻发病;春季多雨,土壤湿度大有利于发病;小麦感病越早,产量损失越大;引进混有病残体的种子是无病区发病的主要原因。

3.综合防治技术

(1)防止病残体传染,合理轮作换茬。对发病田小麦要单收单打,所收小麦严禁留种,且麦秆、麦糠不能直接还田,最好高茬收割,然后把病茬连根拔掉焚烧,尽量减少菌源。对于零星发病区,坚持就地封锁,就地消灭。重病地块,可实行轮作换茬,推行小麦→玉米、小麦→马铃薯、小麦→玉米、小麦→蔬菜等轮作,严重发生地块,三年内不种小麦而改种其他作物,以切断全蚀病菌源积累,控制病情的发展。

(2)增施有机底肥,提高土壤有机质的含量。每亩施用腐熟有机肥6000kg左右。化肥施用应注意氮、磷、钾的配施,不用病残物积肥,施用充分腐熟的净肥。

(3)深耕细耙,精细整地。连作地块要深耕30~40cm,降低土壤耕层菌源量;在小麦返青拔节期适时中耕,促进根系发育;灌浆期及时灌水降温,减轻干热风害。

(4)病田进行药剂处理土壤。对已发生病的地块,小麦播种前进行土壤处理,亩用15%粉锈宁可湿性粉剂1kg加50%多菌灵可湿性粉剂1kg,拌细土50kg均匀撒在田中,然后进行翻耕。

(5)药剂拌种。方法一,选用12.5%全蚀净水悬浮剂20~40ml,兑水150ml拌麦种10kg,堆闷6~12小时阴干后播种。方法二,选用2.5%适乐时悬浮剂10ml加3%敌委丹水悬浮剂50ml,兑水150ml拌麦种10kg堆闷3小时。

(6)药剂喷雾防治。小麦拔节期间,每亩用15%粉锈宁可湿性粉剂150~200g,或20%三唑酮乳油100~150ml,兑水50~60kg喷洒麦田,防效可达60%左右,加入200ml食用醋可明显提高防治效果。

### 四、小麦黑穗病防治

小麦黑穗(粉)病,俗称灰包、火穗、乌麦等,包括腥黑穗病和散黑穗病。小麦腥黑穗病在世界各国麦区均有发生。我国主要是光腥黑穗病[Tilletia foetida (Wallr.) Liro]和网腥黑穗病[Tilletia caries (DC.) Tul]。矮腥黑穗病和印度腥黑穗病在我国尚未发生,是重要的进境植物检疫对象。腥黑穗病菌孢子因含有毒物质三甲胺,使面粉不能食用。如将混有大量菌瘿和孢子的麦粒作饲料,会引起家禽和牲畜中毒。小麦散黑穗病[Ustilago nuda (Jens.) Rost]普遍发生于各国产麦区。

1.症状

小麦腥黑穗病:主要在穗部表现症状。病穗短直,颜色较健穗深,初为灰绿色,后变灰黄色,病粒较健粒短而胖,因而颖片略开裂,露出部分的病粒(称菌瘿),如用手指微压,则易破裂,内有黑色粉末(即病菌的冬孢子)。菌瘿因含有挥发性三甲胺,有鱼腥气味,所以称"腥黑穗病"图3-25。

小麦散黑穗病:系统性侵染病害。发病初期穗外面包一层灰色薄膜,里面充满黑粉。抽穗后不久,薄膜破裂,黑粉飞散,剩下穗轴。一般病株抽穗时间比健株提早几天。

小麦腥黑穗　　小麦散黑穗
图3-25 小麦黑穗病

2.传播途径和发病条件

小麦腥黑穗病病菌以厚垣孢子附在种子外表或混入粪肥、土壤中越冬或越夏。当种子发芽时,厚垣孢子也随即萌发,厚垣孢子先产生先菌丝,其顶端生6~8个线状担孢子,不同性别担孢子在先菌丝上呈"H"状结合,然后萌发为较细的双核侵染线。从芽鞘侵入麦苗并到达生长点,后以菌丝体形态随小麦而发育,到孕穗期,侵入子房,破坏花器,抽穗时在麦粒内形成菌瘿即病原菌的厚垣孢子。小麦腥黑穗病菌的厚垣孢子能在水中萌发,有机肥浸出液对其萌发有刺激作用。萌发适温16℃~20℃。病菌侵入麦苗温度5℃~20℃,最适9℃~12℃。湿润土壤有利于孢子萌发和侵染。一般播种较深,不利于麦苗出土,增加病菌侵染机会,病害发生加重。

小麦散黑穗病菌是花器侵染病害,一年只侵染一次。带菌种子是病害传播的唯一途径。病菌以菌丝潜伏在种子胚内,外表不显症。当带菌种子萌发时,潜伏的菌丝也开始萌发,随小麦生长发育经生长点向上发展,侵入穗原基。孕穗时,菌丝体迅速发展,使麦穗变为黑粉。厚垣孢子随风落在扬花期的健穗上,在湿润的柱头上萌发产生先菌丝,先菌丝产生4个细胞分别生出丝状结合管,异性结合后形成双核侵染丝侵入子房,在珠被未硬化前进入胚珠,潜伏其中,种子成熟时,菌丝胞膜略加厚,在其中休眠,当年不表现症状,次年发病,并侵入第二年的种子潜伏,完成侵染循环。刚产生厚垣孢子24小时后即能萌发,温度范围5℃~35℃,最适20℃~25℃。厚垣孢子在田间仅能存活几周,没有越冬(或越夏)的可能性。小麦扬花期,田间空气湿度大,多雾或经常下小雨,则有利于孢子萌发侵入,当年种子带菌率就高,次年发病就重;相反,此时气候干燥,孢子难于萌发,当年种子带菌率就低,第二年发病就轻。

### 3.调查记载标准

在小麦抽穗后根据发病情况调查病田率、病点率、病穗率。

### 4.防治技术

（1）加强种子检疫检验。小麦矮腥黑穗和印度腥黑穗病是我国进境检疫对象，应加强检疫工作，防止病害随种子或商品粮传入我国。对小麦种子田要进行严格检验，发现带有黑穗病的种子田可做商品粮使用，坚决不能发放种子合格证。

（2）小麦种子要单收单打，防止脱粒过程中传病。在小麦种子脱粒过程中，如发现碾麦场（工具）、脱粒机械已经脱粒过带病的种子（商品粮）再不能脱粒小麦种子。

（3）小麦种子脱粒过程中防止雨淋受潮。

（4）药剂拌种。用15%三唑酮粉剂50~75g干拌小麦种子50kg，可有效的防治黑穗病。

## 第二节　虫害及防治

### 一、蚜虫防治

小麦蚜虫简称麦蚜，又名旱虫、腻虫，是小麦生产中的主要害虫，以成虫、若虫吸取麦株汁液危害小麦，蚜虫排出的蜜露落在小麦叶片上，严重地影响光合作用，同时，蚜虫也是小麦黄矮病毒病的传毒昆虫。麦蚜的主要种类有麦长管蚜[Macrosiphum avenae（Fabricius）]、麦二叉蚜[Schizaphis graminum（Rondani）]和禾谷缢管蚜[Rhopalosiphum padi（Linnaeus）]、麦无网长管蚜[Metopolo phiam dirhodum（Walker）]，均属同翅目蚜科。全国各麦区均有发生。主要危害麦类和其他禾本科作物与杂草，若虫、成虫常大量群集在叶片、茎秆、穗部吸取汁液，被害处初呈黄色小斑，后为条斑，枯萎、整株变枯甚至死亡。

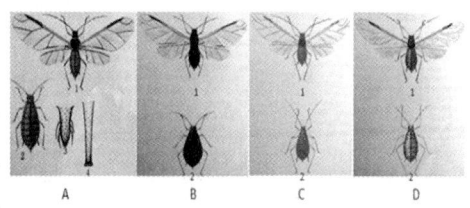

1.有翅蚜，2.无翅蚜，3.尾片，4.腹管，A麦二叉蚜，B禾谷缢管蚜，C麦长管蚜，D麦无网长管蚜

图3-26　四种麦蚜形态特征及区别

1.形态特征

(1)四种麦蚜形态特征。麦蚜为多型性昆虫,分无翅和有翅胎生蚜,雌蚜是常见的蚜型。麦二叉蚜、禾谷缢管蚜、麦长管蚜、麦无网长管蚜往往在田间混合发生,其主要形态特征及区别见图3-26、表3-4。

表3-4 四种常见麦蚜形态特征及区别

| 项目 | 麦长管蚜 | 麦二叉蚜 | 禾谷缢管蚜 | 麦无网长管蚜 |
|---|---|---|---|---|
| 无翅胎生蚜体形体长 | 椭圆形1.6~2.1mm | 椭圆形或卵圆形1.6~2.1mm | 宽卵形1.6~2.1mm | 长椭圆形1.6~2.1mm |
| 体色 | 腹部淡绿色至绿色或橘红色。有翅蚜胸部黄褐色至暗褐色 | 腹部淡绿色至绿色或黄绿色,背中线深绿色。有翅蚜胸部黑色。 | 腹部深绿色或紫褐色,后方常呈红色 | 腹部枯绿色或淡赤色,或橘红色。背部有绿色或褐色纵带 |
| 腹管 | 长圆筒形,长0.48mm,黑绿色,端部有网状纹 | 短圆筒形,长0.25mm,淡绿色,端部为暗黑色 | 短圆筒形,长0.24mm,中部稍粗状,近端部呈瓶口状缢缩 | 长圆形,长0.12mm,绿色,端部无网状纹 |
| 翅脉 | 前翅中脉分为3支,分岔大 | 前翅中脉分为2支 | 前翅中脉分为3支,分岔小 | 前翅中脉分为3支,分岔大 |
| 复眼 | 鲜红至暗红色 | 漆黑色 | 黑色 | 黑紫色 |
| 触角 | 6节,较体长略短 | 6节,超过体长二分之一 | 6节,超过体长三分之一 | 6节,略短于体长 |
| 有翅触角第三节 | 长0.52mm,有感觉圈约10个 | 长0.44mm,有感觉圈约20个 | 长0.48mm,有感觉圈约20~30个 | 长0.48mm,有感觉圈约40个以上 |
| 尾节 | 长0.22mm,毛6根 | 长0.16mm,毛7~8根 | 长0.22mm,毛4根 | 长0.22mm,毛多于8根 |
| 为害部位与症状 | 小麦抽穗前在植株上部叶片正面为害,受害叶片呈现褐色斑点或斑块,抽穗后在穗部嗜食,耐湿喜光 | 麦苗被害后,叶片枯黄生长停滞,分蘖减少;后期麦株受害后,叶片发黄,麦粒不饱满,严重时,麦穗枯白不能结实,甚至整株枯死 | 在小麦茎秆、叶鞘,甚至根茎嗜食;不喜光照,天气阴雨,湿度高时亦可上到穗部及穗茎为害 | 为害部位主要在叶正面,但为害后无斑痕 |

(2)小麦黄矮病病原及症状。小麦黄矮病是一种病毒病害,系小麦黄矮病毒(Barler yellow dwarf virus)经介体蚜虫传毒,侵染小麦而引起。病毒质粒为球状,直径20nm~40nm,国内发现的介体蚜虫有麦二叉(SG)、麦缢管蚜(RP)、无

网长管蚜(AD)、麦长管蚜(MA)和玉米蚜(RM)。麦二叉蚜、长管蚜在甘肃境内各麦区分布普遍,但苗期以麦二蚜为优势种,其中在黄矮病毒传播中的作用最为重要。

小麦黄矮病在小麦生育期内均可感病。幼苗期感病,根系浅,分蘖数减少,生长衰落,矮化严重。病株叶片由叶尖开始褪绿,进而黄化,逐渐向基部发展,冬季易死亡。未死亡的病株,拔节后从基部叶片显病,自下向上发展。病叶先从叶尖褪绿变黄,叶片变厚且硬,旗叶显著变小,植株严重矮化,不抽穗或穗粒数减少,子粒瘪瘦。拔节期感病后从中部至旗叶发病,病叶也先由叶尖开始变黄,与仍为绿色的叶脉呈现出黄绿相间的条纹。黄叶可扩展至全叶的1/3~1/2处,叶色黄亮,且变厚变硬,叶基部仍保持绿色。后期全叶干枯,有的变为枯白色,但多不下垂。植株不矮化但瘪穗率高,千粒重降低。

2.发生规律

麦蚜是小麦黄矮病毒唯一有效的传毒介体,麦蚜虽为传毒介体,但不能将病毒传于后代。因此,小麦黄矮病的周年循环只能依靠带毒蚜辗转传播于不同寄主之间,使寄主成为侵染毒源,并依靠媒介蚜使病情扩大蔓延。

小麦蚜虫可凭借季风随气流在全国各大麦区远距离迁飞,大区间迁移时间同小麦等寄主的营养状况相吻合。在陇东、陇南等小麦种植海拔差异较大的地区,还存在着垂直方向的季节性转移。小麦蚜虫在不同气候条件下越冬虫态不一。河西春麦区麦二叉蚜及麦长管蚜均以卵在小麦根际及冰草上越冬;陇东冬麦区除麦长管蚜以无翅成、若蚜越冬外,麦二叉蚜以卵和成、若蚜均可越冬,但以卵为主;陇南冬麦区以无翅若蚜栖息于小麦根际和向阳埂边的冰草上越冬。在陇南、甘谷等地,冬季4种小麦蚜虫均有一定数量,以海拔1500m以下的向阳山台地数量为多,在冬季天气暖和时仍能活动、繁殖。早春为害的特点是,当候均温稳定在3℃时,小麦蚜虫开始活动。在冬麦区及冬、春麦交界区,3月中、下旬麦二叉蚜越冬卵开始孵化,形成无翅孤雌蚜在冬麦上取食形成点片发生,4月下旬至5月上旬由点片向面扩散,部分无翅孤雌蚜形成有翅蚜向春麦青稞田迁飞,随着气温上升危害渐重。陇东麦区越冬的麦二叉蚜在2月下旬至3月上旬开始活动,点片为害,逐渐扩散,小麦灌浆期危害达到高峰。陇南麦区越冬小麦蚜虫在小麦返青后即开始为害活动,随着温度升高及寄主营养条件的改善,种群密度逐渐增大,抽穗开花后田间蚜量激增,灌浆期达到峰值。在4月中、下旬前,蚜量相对较少,种群中麦二叉蚜的比例由90.4%逐渐降至50.2%,麦长管蚜则由9.6%增至49.8%。到5月下旬蚜蜂期麦长管蚜占

89.6%，而麦二叉蚜仅占10.4%。麦无网长管蚜和禾谷缢管蚜仅在4月下旬至5月上、中旬有少量发生，比率分别为0.03%~0.79%和0.04%~0.22%。麦长管蚜春季孵化时间较麦二叉蚜要迟10~15天。越夏及秋苗期为害的特点是，从小麦乳熟期开始，随寄主营养条件恶化，小麦蚜虫密度随之下降，群体中有翅蚜比例上升，于收获前大量有翅蚜向越夏寄主迁飞转移。在冬麦区和冬、春麦交界区，于6月下旬向越夏寄主玉米、高粱、糜子等秋作物上迁飞，于7月上、中旬形成高峰，之后由于高温和天敌数量剧增，虫口急剧下降，8月中旬以后温度渐低，天敌减少，于9月中旬再次形成高峰。9月中、下旬寄主作物组织老化，冬、春麦交界区的小麦蚜虫迁入冬麦区短暂为害并越冬。冬麦区小麦蚜虫遂产生性蚜，交尾并产卵越冬。麦长管蚜进入越冬的时期较麦二叉蚜要早7~10天。

3. 发生世代

河西麦区：麦二叉蚜1年发生20~22代，一代发育7~10天，最长34天，最短5天；麦长管蚜1年发生18~20代。陇东麦区：麦二叉蚜1年发生约21代，一代发育期平均12.2天，最长39天，最短6天，麦长管蚜1年发生18代，一代发育期平均12.4天，最长24天，最短8天。陇南麦区：在小麦生长期内，麦长管蚜发生17代，一代发育期8~40天，平均27.7天；麦二叉蚜发生20代，一代发育期4~42天，平均10.9天，禾缢管蚜发生12代，一代发育期5~15天，平均8.9天；麦无网长管蚜发生18代，一代发育期5~17天，平均10天。

4. 调查方法

采用5点取样，在小麦秋苗期、返青期、拔节期每点调查50茎，孕穗期、抽穗扬花期、灌浆期每点可减少至20茎。调查蚜虫种类、有蚜株数及数量、有翅、无翅蚜量。计算蚜株率、百株蚜量。小麦黄矮病调查普遍率（%）、计算病情指数（%）。

蚜株率（%）=有蚜株数/调查总株数×100；

百株蚜量（头）=蚜虫总数/调查总株数×100；

病情指数（%）=（各级病株×各病级值/调查总株数×3）×100。

小麦蚜虫的发生程度分为5级，主要以当地小麦蚜虫发生盛期平均百株蚜量来确定。小麦黄矮病病株严重度分为4级，以表示感病的植株发病程度。0级：健株；1级：仅旗叶发病；2级：旗叶以下1片或2片叶发病；3级：3片以上叶发病，植株显著矮化。小麦蚜虫与黄矮病发生程度分级指标见表3-5。

## 模块三：小麦栽培技术

表3-6  小麦蚜虫与黄矮病发生程度分级指标

| 级别 | 1 | 2 | 3 | 4 | 5 |
| --- | --- | --- | --- | --- | --- |
| 流行程度 | 轻度 | 中度偏轻 | 中度 | 中度偏重 | 大流行 |
| 百株蚜量（头） | ≤500 | 500~1500 | 1500~2500 | 2500~3500 | >3500 |
| 普遍率(%) | <20 | 20~40 | 41~60 | 61~80 | >80 |
| 病情指数(%) | <10 | 10~20 | 21~40 | 41~60 | >60 |
| 流行面积占播种面积比例(%) | <15 | 15~35 | 35.1~50 | 50.1~65 | >65 |
| 减产率(%) | <5 | 5~10 | 11~20 | 21~30 | >30 |

5.防治方法

（1）农业防治①选用抗耐麦蚜丰产品种。②早春耙压、清除杂草。

（2）保护利用自然天敌。蚜虫的天敌有瓢虫、蜘蛛、蜻类、食蚜蝇、草蛉、蚜茧蜂等,1个天敌单位每天按捕食蚜虫150头计算,蚜虫天敌与天敌单位折算按表3-7计算,当天敌与麦蚜比小于1∶150(蚜虫小于150头/百株)时,可不用药防治。

表3-7  蚜虫天敌与天敌单位折算表

| 天敌 | 虫态 | 数量 | 天敌单位 |
| --- | --- | --- | --- |
| 七星瓢虫、异色瓢虫 | 成、幼虫 | 1 | 1 |
| 龟纹瓢虫 | 成、幼虫 | 4 | 1 |
| 草蛉、食蚜蝇 | 幼虫 | 2 | 1 |
| 蜘蛛、猎蜻 | 成虫 | 3 | 1 |
| 小花蜻 | 成虫 | 10 | 1 |
| 寄生蜂 | 寄生蚜 | 120 | 1 |

（3）药剂防治。当小麦抽穗期,百株(茎)蚜量超过500头,天敌与蚜虫比在1∶200以上时,即需用药防治。每亩可用50%抗蚜威可湿性粉剂4000倍液、10%吡虫啉1000倍、50%辛硫磷乳油2000倍或菊酯类农药兑水喷雾。

## 二、小麦红蜘蛛防治

在甘肃为害小麦的红蜘蛛有2种,均属蛛形纲,蜱螨目。即叶螨科的麦长腿蜘蛛(Petrobia Latens(muller),又名麦岩螨;走螨科的麦圆蜘蛛 Penthaleus major(Duges),又名麦叶爪螨。2种蜘蛛混合发生、混合为害,但以麦长腿蜘蛛为主。均以成、若虫吸食麦叶汁液,受害叶上出现细小白点,后麦叶变黄,麦株生育不良,植株矮小,严重的全株干枯。

1.形态特征

(1)麦长腿蜘蛛。①成虫:雌成螨卵圆形,黑褐色,体长0.6mm,宽约0.45mm。体背有不太明显的指纹状斑。背刚毛短,共13对,足4对,红或橙黄色,均细长。第1对、第4对足特别发达,长度超过第2对、第3对足的

A麦长腿蜘蛛,B麦圆蜘蛛,C小麦叶片被害状
图3-27 二种麦蜘蛛形态特征及区别

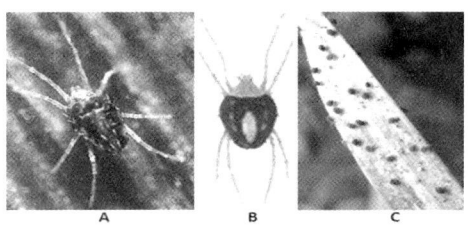

1~2倍。雄成螨体略小于雌螨,体长0.45mm,宽约0.2mm,梨形,其余特征与雌螨相似。②卵:越夏卵呈圆柱形,橙红色,直径0.18mm,卵壳表面被有白色蜡质,卵的顶部覆盖白色蜡质物,形似草帽状。卵顶有放射形条纹。非越夏卵呈球形,红色,直径约0.15mm,表面有数十条隆起的条纹。③幼螨和若螨:初孵幼螨足3对,体等长,约0.15mm,初孵时为鲜红色,取食后变为黑褐色,幼螨蜕皮后即进入若螨期,足4对,体形与成虫大体相似[图3-27(A)]。

(2)麦圆蜘蛛。①成虫:雌成螨体卵圆形,体长0.6~0.9mm,体宽0.4~0.6mm,体黑褐色,体背有横刻纹8条,在体背后部有隆起的肛门孔。足4对,第1对足最长,第4对足次之,第2对、第3对足几乎等长。②卵:椭圆状,长约0.17~0.24mm,宽约0.11~0.14mm,初产暗红色,以后渐变淡红色,上有五角形网纹,卵面皱缩。夏型卵卵期长,卵面有层薄膜,冬型卵卵期短。③幼螨和若螨:初孵幼螨足3对,等长,身体、口器及足均为红褐色,取食后渐变暗绿色。幼螨蜕皮后即进入若虫期,足4对,体形与成虫大体相似[图3-27(B)]。

2.为害习性及发生规律

(1)麦长腿蜘蛛。在甘肃省陇东1年发生3~4代,完成1代需24~26天,春季3月中、下旬越冬成螨开始活动并产卵,4月是危害盛期。5月下旬以后因温度逐渐升高,遂在麦根、土缝、根茎等处产卵越夏。9月下旬至10月上、中旬越夏卵孵化并继续危害。11月以成螨或卵在小麦根际或土缝内越冬;中部冬、春麦交界区、西部春麦区及陇南麦区,因各地温度差异其春季为害、越夏、越冬的历期提早或推迟5~15天。成螨多行孤雌生殖,卵常在夜间散产于田间、秸秆等处,每个雌虫产卵20余粒至70多粒。麦长腿蜘蛛喜温暖、干燥环境,有群集性,遇降雨、震动、惊扰即坠落地面的习性。生长最适温度为15℃~20℃,活动最适温度为16℃~18℃,在适温范围内,麦株上的螨量随温度而升降,一般以9~16时螨量较多,20时以后即在麦株基部土块或地面覆盖物下潜伏。气温上升至20℃以上时成螨产卵后即死亡。当相对湿度50%以下,多在干旱山塬地,特别

是阳山面发生较重,春暖干旱易为害成灾。虫口的数量消长与麦田的地势、坡向、灌水、降水量密切相关。一般阳山发生密度大、危害重,阴坡则危害轻,3~5月降雨量大且集中、能显著抑制其繁殖能力与数量。

(2)麦圆蜘蛛。 在甘肃每年发生2~3代,发生1代需46~80天,平均57.8天。以成螨或卵在麦根及杂草上越冬,在早春气温上升时,即爬上麦苗取食为害,并开始产卵繁殖,小麦孕穗期是其第1代为害盛期。5月以后,即开始在麦根附近和分蘖丛中产卵越夏。产卵多在夜间,每头产卵约20粒。越夏卵卵期长达110~140天。到10月中、下旬开始孵化,11月出现成螨,形成第2代发生高峰。部分成螨所产的卵成为越冬卵,非越冬卵所发育的个体变为成螨后直接进入越冬期,成为第3代,即越冬代。产于初春或秋末的非滞育卵,卵期最短20天,最长可达90天。秋末产下的越冬卵在平均温度4.8℃、相对湿度87%的环境下即开始孵化。产于春末夏初的滞育卵,卵期长达4个月至5个月。滞育卵在温度19.5℃、相对湿度74%时开始孵化,孵化率与土壤含水量成正相关。越夏卵如无适宜的水分条件难于孵化,只有到次年才能孵化、生长和发育。越冬卵和自然孵化率可达80%以上。麦圆蜘蛛具有多食、喜湿的习性,耐寒力强。一般2月下旬开始活动,活动的适宜温度为8℃~15℃,温度达20℃以上时大量死亡。适宜的相对湿度在80%以上,表土含水量20%左右。因此,水浇地及低洼阴凉潮湿的麦田发生严重;干旱地和黏土地则轻。一日之内,温度较低的6~8时和18~22时为其两次活动的高峰期,白天高温、干燥、强光时即移至麦株基部潜伏。阴天低温及秋冬的晴暖天气,则多在中午上升活动,早晚藏匿于土表,气温低于8℃时极少活动。

3.麦蜘蛛调查记载标准

(1)虫田率。调查有虫田块数占全部调查田块数的百分率。

(2)虫口密度。为单位取样面积内的虫口数量。麦蜘蛛以33.3cm单行虫量表示。

(3)发生程度分级指标。麦蜘蛛发生程度分为5级,主要以当地发生盛期的平均虫口密度来确定,各级指标见表3-8。

表3-8 麦蜘蛛发生程度分级标准

| 指标＼级别 | 1 | 2 | 3 | 4 | 5 |
|---|---|---|---|---|---|
| 33.3cm单行虫量(头) | ≤200 | 200~500 | 500~1000 | 1000~1500 | >1500 |

(4)调查时间。根据当地实际发生情况,分别于秋苗期、返青期、拔节期、

孕穗期普查4次。每年普查时间应大致相同。调查当天在8~10时或16~18时进行。

(5)调查地块。选择当地往年发生严重、具有代表性的不同生态环境麦田2~3块,每块田面积不少于2×667m$^2$,固定为系统观测田。

(6)调查方法。每块田单对角线5点取样,每点查33.3cm单行长,返青期用目测计数,拔节后将33.3cm×17cm有框固定的白瓷盘或白纸或白塑料布铺在取样点的麦根际,将麦苗轻轻压弯拍打,然后计数,可重复数次,调查蜘蛛种类及其数量,将结果记入表3-9。

表3-9 麦蜘蛛系统调查表

| 调查日期 | 麦田类型 | 生育期 | 调查点数 | 总虫量(头) | 麦圆蜘蛛 数量(头) | 麦圆蜘蛛 所占比率(%) | 麦长腿蜘蛛 数量(头) | 麦长腿蜘蛛 所占比率(%) | 33.3cm单行虫量(头) | 备注(麦田灌溉情况、发生面积、危害程度等) |
|---|---|---|---|---|---|---|---|---|---|---|
| | | | | | | | | | | |

4.防治技术

(1)农业防治。清除田边杂草,特别是禾本科杂草,可减少虫源。

(2)化学防治。小麦红蜘蛛可选用15%哒螨酮乳油2000~3000倍液(20%扫螨净可湿性粉剂,3000~4000倍液),或1.8%阿维菌素(虫螨克)5000~6000倍液,5%甲维盐可溶性颗粒剂每亩3~4g,或使用炔螨特(克螨特)、苯螨特(西斗星)、双甲醚(螨克)。如果希望兼治其他害虫,也可以使用氟胺氰菊酯、毒死蜱、氟虫脲(卡死克)等药剂。

### 三、小麦吸浆虫防治

为害小麦的吸浆虫有麦红吸浆虫[Sitodiplosis mosellana(Gehin)]和麦黄吸浆虫[Contarinia tritici(Kirby)],均属双翅目,瘿蚊科。甘肃曾于20世纪40年代末至50年代初严重危害,在50年代中后期得到控制。70年代中期虫口回升,至80年代中期再度猖獗。省内主要分布于渭河、洮河、大夏河、黄河流域的水地及部分高寒阴湿山区。二种吸浆虫常混合发生,川水地以麦红吸浆虫为主,阴湿高寒区则以麦黄吸浆虫为主。以幼虫进入小麦颖壳,吸食正在灌浆的子粒汁液,造成瘪粒、空壳,小麦受害后,一般减产10%~20%,严重者可达50%,甚至绝产失收。

1.形态特征

(1)成虫。麦红吸浆虫雌成虫体橘红色并密披细毛,体长2~2.5mm。下口式,两复眼黑色,在上方愈合。触角细长,14节,念珠状,基部两节橙黄色,短圆柱形;鞭节灰色,每节中部稍缩小,上有2圈刚毛和微细毛。前胸很窄不易看见;中胸很大;后胸很小,不发达。足细长,跗节5节,爪微弯和悬垫约等长。翅1对呈阔卵形,翅展约5mm,膜质透明,有紫色闪光,翅脉与翅面上有毛,脉纹4条,径脉总支直达翅的端部,与前缘脉的端部相连。中脉的后支和肘脉合并为叉状。腹部9节细长,全部伸展约为体长的一半,形成伪产卵管。雄虫同雌虫相似,体长约2mm。触角较雌虫长,鞭节灰色,其他各节中部明显收缩成颈状,犹如两节,每节膨大部分除有2圈刚毛和细毛外,还有1圈"环状毛"。腹部较雌虫小,末端略向上弯,交尾器的抱器基部内缘和端节末端均有齿,阳茎较长。

麦红吸浆虫　　　麦黄吸浆虫

3-28　麦红吸浆虫和麦黄吸浆虫形态区别

(2)卵。长椭圆形,长约0.3mm,宽约0.9mm,浅红色,表面光滑。临近孵化时红色,前端呈透明。

(3)幼虫。初孵化幼虫乳白色,半透明,以后色泽渐加深。成长幼虫橙黄色或金黄色,体长2.5~3.0mm,长椭圆形,体较扁,无足,蛆状,体表有鱼鳞状皱起。头小,无眼,触角短小,全体13节(1+3+9),前胸腹面有一"丫"形剑骨片,其前端分叉嵌入较深。腹部末端有2对尖形突起。1龄幼虫后气门式,仅第9节腹节有1对大而突出的气门;2龄、3龄幼虫气门9对,前胸1对,腹部8对,最后1对最大。

(4)蛹。橙褐色,头的后面胸处有2根黑褐色的长毛为呼吸管。另外,在头的前面还有2根白毛。蛹有两种类型,一种是幼虫在土壤中直接化蛹的裸蛹;一种是结成长茧,然后在其内化蛹。蛹的发育进度分为前蛹期、蛹初期、蛹中期、蛹后期4个阶段。

麦红吸浆虫与麦黄吸浆虫的主要形态区别见图3-28、表3-10。

2.发生规律

麦红吸浆虫和麦黄吸浆虫的生活史基本一致。在甘肃省1年发生1代,以老熟幼虫多在10cm左右的土层中越夏,小麦秋播后,因土壤翻耕及地温下降,逐渐迁入约20cm的土层越冬,在土壤中越夏和越冬时间长达11个月。第二年当5cm地温上升到10℃左右,即小麦拔节前后,幼虫开始破茧上升向表土移动,

5cm土温12℃以上,即小麦孕穗始期,上升到土表层的幼虫化蛹,蛹期一般8~10天。这一阶段若天气干旱,部分幼虫继续休眠,形成隔年或多年羽化现象。抽穗始期,蛹开始羽化为成虫,并选择已抽穗而未开花的麦穗产卵,小麦灌浆时卵孵化为幼虫,幼虫在小麦颖壳内生活15~20天老熟,并在子粒内完成3个龄期的发育,小麦成熟时,老熟幼虫入土,完成一个世代。同一地区,麦黄吸浆虫发生期早于麦红吸浆虫。

表3-10　麦红吸浆虫与麦黄吸浆虫的主要形态区别表

| 虫态 | 麦红吸浆虫 | 麦黄吸浆虫 |
| --- | --- | --- |
| 成虫 | 体橘黄色。雌体成虫产卵管不长,伸出时约为腹长之半,末端成圆瓣状;抱握器的基部内缘和端节末端均有齿,腹部末端稍凹入,阳茎长。 | 体姜黄色。雌虫产卵管细长,伸出时约与腹管等长,末端呈针状;抱握器光滑无齿,腹瓣明显凹入分瓣为2瓣,阳茎短。 |
| 卵 | 长卵形,长约为宽的4倍,末端无附属物。 | 香蕉形,前端略弯,末端有细长的卵柄附属物。 |
| 幼虫 | 橘黄色,体表有鱼鳞状突起,前胸"丫"形剑骨片中间呈锐角深凹陷,腹部末端突起2对尖形。 | 姜黄色,体表光滑,前胸"丫"形剑骨片中间呈弧形浅凹陷,腹部末端突起1对,圆形。 |
| 蛹 | 橙红色,头部前1对毛比呼吸管短。 | 浅黄色,头部前1对感觉毛与1对呼吸管等长。 |

3.生态条件对吸浆虫的影响

(1)温度。温度影响着小麦吸浆虫发生期的迟早。休眠的幼虫必须经过高温或低温阶段才能完成其生理发育过程而终止滞育,继而开始形态发育。小麦吸浆虫不耐高温,较耐低温。越冬死亡率一般低于15%,越夏死亡率一般高于50%。

(2)湿度。湿度影响着吸浆虫发生的数量。吸浆虫喜潮湿的环境,土壤干旱对幼虫活动不利,幼虫重新结茧休眠,因此,多分布在灌区。

(3)土壤条件。土壤团粒结构好,质地疏松,有较好的保水与渗水能力,温差小的土壤适宜吸浆虫的生存。小麦吸浆虫在壤土麦田比黏土和砂土麦田危害重;通常低地发生比坡地多,阴坡发生又比阳坡多;麦红吸浆虫适宜于酸性土壤,而麦黄吸浆虫适宜于碱性土壤。

(4)品种抗性。小麦芒长、多刺、挺直,小穗排列整齐,颖壳厚,内外颖结合紧密或子粒表皮组织较厚的品种,具有明显的抗性。吸浆虫成虫产卵对小麦生育阶段也有严格的选择性。凡抽穗整齐,灌浆迅速、抽穗盛期与成虫盛发期不遇的品种受害轻;反之,则受害重。

4.吸浆虫的调查记载标准

(1)淘土查虫。一般在秋播整地前或小麦拔节期进行。选有代表性的麦田2~3块,按对角线或棋盘式取样5~10点,每个样点长、宽各10cm,深20cm,分0~7cm、7~14cm、14~20cm三层取土。将取得的土样分别倒入盆内,加水搅拌成泥浆,待泥渣稍加沉淀后即将泥浆水倒入另一个盆内的箩筛(用80目的铜纱或尼龙纱制成)内,过滤后移开箩筛再将盆内泥浆水倒回盛有沉淀泥渣的盆内搅拌过滤。依次重复3~4次后倒掉泥渣。将淘土箩筛置清水中,轻轻振荡,滤去泥水。并将草根等杂物用镊子夹住在筛内清涮,使黏附的虫体落入水中,然后,用湿毛笔取虫体,置于培养皿中,立即镜检休眠园茧和活动幼虫数,计算出每样方内的虫体数量,播种前淘土1次,掌握越冬虫基数,拔节期淘土观察幼虫上升情况。

(2)剥穗查虫。针对不同品种,不同类型的麦田,选有代表性的麦田进行。自小麦扬花后10天至幼虫脱出麦穗以前,每块田5点取样,每点中心穗置入纸袋内带回室内剥查,计算被害穗(粒)率。

(3)发生程度分级指标。以成虫盛发期10复网数量来划分,用以表示可能发生的危害程度,最终以当地平均百穗虫口数量确定当年发生程度,各级指标见表3-11。

表3-11 小麦吸浆虫发生程度分级指标

| 级别 | 1 | 2 | 3 | 4 | 5 |
|---|---|---|---|---|---|
| 样方虫量(虫) | ≤5 | 5~15 | 15~40 | 40~90 | >90 |
| 10复网虫量(虫) | ≤30 | 30~90 | 90~180 | 180~360 | >360 |
| 百穗虫量(虫) | ≤200 | 200~500 | 500~1500 | 1500~3000 | >3000 |

5.防治方法

小麦吸浆虫的防治,除采用调整作物布局,实行轮作倒茬,避免小麦连作,麦茬耕翻曝晒等农业措施外,化学防治措施仍是重要的手段。

(1)播前土壤处理。小麦播种前用毒土处理土壤,可兼治地下害虫和麦蜘蛛等。每亩用50%辛硫磷0.5kg或20%甲基异柳林颗粒剂0.5kg,掺细土15kg,拌和均匀后,撒于地表,边撒边耕,翻入土中,可有效防治土壤中的幼虫。

(2)成虫期防治。在小麦抽穗扬花初期,即成虫出土初期施药。每亩可选用吡虫啉10~15g或2.5%溴氰菊酯20~25ml,或80%敌敌畏乳油,加水15~20kg,进行低量喷雾。如施药后25小时内遇雨,要考虑进行补治。

## 第三节　草害及防治

雀麦(Bromus japonicus Thunb),俗称火燕麦,属禾本科(Gramineae)雀麦属(Bromus),是草原主要牧草之一,带入麦田之后,却成为难以根除的恶性杂草,农田中其生物学特性国内尚未见相关报道,国内主要分布在安徽、甘肃、湖北、河北、河南、湖南、江苏、江西、辽宁、内蒙古、四川、山东、陕西、山西、台湾、西藏、云南、贵州。甘肃省主要分布在陇南、平凉、庆阳、甘南、天水等市州,是冬麦区发生危害比较严重的麦田杂草之一。

1. 形态特征

一年生草本植物,株高20~110cm,须根,细而多,秆直立,丛生,多分蘖。叶鞘包茎,被白色茸毛;叶舌透明膜质,顶端具裂齿;叶片长5~30cm,宽2~8mm,两面皆生白色茸毛或背面无毛。穗长10~20cm,圆锥花序,下垂,每穗具7~16分枝;每枝上部着生1~4个小穗;小穗含3~14朵小花,上部小花通常不发育,颖壳披针形,边缘膜质,外稃椭圆形,具芒2~10mm,内稃短于外稃,脊上疏生刺毛;雄蕊3;子房上位,子房上端具附属体,柱头2裂成羽毛状。颖果线状长圆形,压扁,腹面具沟槽,成熟后紧贴于内外稃。5~7月抽穗,每株生产种子284~600粒(图3-29)。

**图3-29　雀麦形态特征**

2. 生物学特性

(1)雀麦与冬小麦苗期的区别。雀麦幼苗与小麦形态很相似,没有实践经验很难辨认。雀麦主要特征是叶鞘、叶片上密被白色茸毛,叶片细长、上挺,植株瘦小,手拔时有柔软的感觉,多须根,入土浅,容易拔出,而冬小麦幼苗则相反。

(2)出苗规律。雀麦在麦田中出苗时间极不整齐,有多次出苗的习性。凡土壤墒情好,土壤表层0~5cm湿润,种子与土壤接触紧密就能出苗,最早出苗时间10月上旬,"立冬"后停止出苗,翌年"清明"过后又开始出苗,直到6月底。

据观察,雀麦种子的发芽、出苗率、出苗时间与降水有很大的相关性,在农田中,自然降水≥15mm/次均会出苗。

(3)分蘖数与繁殖力。留落在麦田、田边、地埂、沟道、路边的雀麦果穗、籽粒,在冬前和翌年4月份出苗,每株有分蘖3~7个,有效小穗数7~43个,形成具有发芽力的种子284~600粒。5月份以后出苗的,在小麦(含杂草)密度大的地段则不分蘖,每株有小穗数14~49个,有效籽粒92~300粒。如果每株小麦平均按45粒计,雀麦繁殖力则是小麦的2倍~8倍,成熟后的雀麦籽粒落到麦田,连作3年的小麦就会被危害成灾,甚至绝收。

(4)生育期。冬前10月中旬出苗的,在第二年6月上旬成熟,生育期250天,比小麦生育期提早30天;早春4月份出苗的,7月上旬成熟,生育期100天;"立夏"以后出苗的,不能正常成熟。

(5)农田分布规律。不同传染来源的雀麦在田间的分布型不相同。由本田重新侵染、人工拔除(含收获)过程中的抖落、雨水冲刷和地表径流传染的雀麦,在田间表现为"核心型"分布;随小麦种子、牲畜粪便、风力而传播的雀麦在田间表现为"均匀型"分布。

(6)连茬重,换茬轻。冬小麦连作5年以上,往往由于对雀麦拔除不及时而导致毁耕重种,连作3~4年的平均有雀麦3~12株/$m^2$,连作1~2年的有0~5株/$m^2$,前茬是胡麻、马铃薯、玉米的平均有0~1株/$m^2$。迎茬麦田雀麦发生轻是因为在前作生产过程中,经过秋耕、春播、中耕锄草等农事活动,对已发芽出苗的雀麦铲除,并且雀麦与秋作物(含胡麻)极易辨认和拔除。

3.主要传播途径

(1)本田感染。冬前10月中旬出苗的,在冬小麦成熟前已有30%~40%的雀麦植株成熟而自然落粒,加上收割时的抖落,约有50%~60%的雀麦种子留落到本田。形成本田新的侵染来源。

(2)种子传播。早春4月份出苗的,小麦收割时雀麦种子部分留落于本田,部分挟带在小麦中;"立夏"以后出苗的,与小麦一起被收割的雀麦种子有较强的发芽力。雀麦种子在小麦脱粒过程中,随脱粒场、农具等传播,造成小麦种子、麦衣、麦草挟带雀麦草籽。

(3)农肥传播。农民习惯用麦衣、麦草(铡碎)饲喂家畜,而且将槽底土杂物垫在圈棚内,个别农户还将拔回的雀麦当作青饲料喂牲畜,并将其粪便集中堆压在田边地头。据试验观察,上述方法并未使雀麦种子完全丧失发芽力,将用雀麦种子饲喂过牲畜的农肥施用到多年种植玉米和蔬菜的地块,其田间也有雀麦发生。

（4）风雨传播。因雀麦种子较小，容易随风吹到相邻地界的四周。暴雨形成的地面径流也把落在田边、地埂、沟道、路边的雀麦种子冲刷到农田内，沉落在地块的低凹处，造成"核心型"分布。

4.调查方法与记载标准

在冬小麦越冬前、拔节期、抽穗期，选有代表性的麦田2~3块，每块地采用5点取样，每点调查1m²，记载雀麦密度，发生程度分级标准见表3-12。

表3-12　雀麦发生程度分级标准

| 级别 | 1 | 2 | 3 | 4 | 5 |
| --- | --- | --- | --- | --- | --- |
| 密度（株/m²） | ≤1.0 | 1.1~2.0 | 2.1~4.0 | 4.1~6.0 | ≥6.1 |

5.综合防治措施

（1）严格种子检验检疫制度，清洁播种材料。种子经营单位在供种前要认真实施种子精选包衣，农户自备种子播前要进行筛选，这是防止雀麦随种子远距离传播和建立无雀麦地块的最佳措施。

（2）施腐熟有机肥料。用麦衣麦草、碾麦场土、畜圈粪堆（沤）肥时，一定要经过高温发酵，使其充分腐熟，杜绝生粪直接施入。

（3）合理轮作倒茬。对发生雀麦草的冬小麦地块实行与玉米、马铃薯、蚕豆、胡麻等作物轮作，经过中耕锄草，即可将雀麦草除掉。种植晚春作物如糜、谷等，可在播种前进行耕翻，将已出苗的雀麦草消灭，其防治效果可达100%。

（4）宽行条播锄草。在小麦种子播种量不变的情况下，要求155cm种8沟小麦，播种机开沟宽行条播，有利于小麦春季深施化肥时，锄草防治雀麦。

（5）迟播灭草。旱地在播种前土壤墒情好的年份，10月上旬本田内雀麦种子就开始发芽出苗，所以将小麦的播种期调整到10月中旬，就可通过播种耕地而达到灭草作用。

（6）人工除草。人工除草有两个关键时期。一是早春小麦返青期根据雀麦的特征，结合麦田人工锄草铲除雀麦草。二是待小麦抽穗后大部分雀麦也开始抽穗，其特征明显，易于识别，宜连续拔除2~3次。需要注意的是此期拔除的雀麦部分种子已经成熟，具有发芽力，所以拔除的植株不能乱扔在地边、地埂或沟道、路旁，要集中深埋或烧毁，更不能饲喂牲畜。

（7）深耕灭草。作物收获后，用拖拉机深翻，将雀麦种子翻入土内20cm以下。为有效抑制其出苗，深翻一次后30天内再进行浅耕。

（8）耕作除草。旱地冬小麦实行机播，翌年早春采用相同机具在空行当中深施化肥,将冬前已在空行内出苗的雀麦耕除掉。

（9）农药防治。一是伏耕灭茬期施药。小麦收获后的第1次伏耕期,每亩用40%野麦畏乳油200ml,兑水45kg地面喷雾,让雀麦种子黏上药液,边喷雾边耕地,防治效果达90%以上。二是播种前施药。在小麦播种时,用40%野麦畏乳油200ml,兑水45kg地面喷雾后播种,防治效果达85%左右。三是播种时施药。小麦播种后,每亩先用40%野麦畏乳油180ml,兑水45kg地面喷雾,然后再进行打糖,防治效果达80%左右。四是播种后施药。小麦播种后出苗前,每亩用40%野麦畏乳油180ml,兑水45kg地面喷雾,然后耙糖,防治效果达60%左右。

★复习思考题★

1. 小麦条锈病的主要症状有哪些？
2. 根据小麦条锈病的发病规律,结合当地实际,制定综合防治措施。
3. 小麦白粉病的主要症状有哪些？
4. 根据小麦白粉病的发病规律,结合当地实际,制定综合防治措施。
5. 小麦全蚀病的主要症状有哪些？
6. 根据小麦全蚀病的发病规律,结合当地实际,制定综合防治措施。
7. 小麦黑穗病的主要症状有哪些？
8. 根据小麦黑穗病的发病规律,结合当地实际,制定综合防治措施。
9. 正确掌握蚜虫的发生规律,结合当地实际,制定综合防治措施。
10. 正确掌握蜘蛛的发生规律,结合当地实际,制定综合防治措施。

# 第七章　小麦主要自然灾害与防控

• 学习任务及指导 •

1.掌握甘肃省小麦生产中常见自然灾害,特别是本地生产中常见自然灾害的成因。

2.在生产中有针对性的采取相应的技术措施,规避自然灾害。

## 第一节　干　热　风

### 一、干热风的概念

干热风是一种高温、低湿并伴有一定风力的农业灾害性天气。在各地有干热风、热风、干旱风及热干风等不同称呼。

### 二、干热风的成因

我国西北地区干热风形成的天气系统,主要是从中亚地区东移过来的高压脊,在青藏高原和西北地区得到发展和加强,其次是青藏高原暖高压脊发展北挺。受高压脊影响的地区,中、低层气柱维持下沉气流,天气晴朗,且不断有暖平流输送,导致干热风天气的形成。在多数情况下,西北地区的干热风是由上述两类过程的叠加而形成的。大多发生在二十四节气的芒种前半个月左右,此时最为严重。

### 三、干热风的危害

干热风主要危害在于高温低湿环境造成冬、春小麦等作物生理干旱,影响产量,其中冬小麦受害最为严重,甘肃省河西地区受到干热风的危害,对春小麦造成危害。小麦开花时如遇干热风,可造成不实和小穗数减少;灌浆乳熟期如遇干热风,造成籽实瘦秕,千粒重降低,产量下降;黄熟期如遇干热风,可使小麦出现"早熟"、"青秕"现象。小麦受干热风危害的气象指标,各地区不一,危害程度除决定于干热风出现的强度、持续时间等因素外,还与作物的品种、生育期、生长状况、土壤性质、栽培管理措施及前期气象条件、病虫害情况有密切关系。一般分为高温低湿和雨后热枯两种类型,均以高温危害为主。

干热风主要是高温低湿型:轻干热风为日最高气温≥29℃~34℃,14时风速≥2~3m/秒。重干热风为日最高气温≥32℃~36℃,14时相对湿度≤20%~30%,14时风速≥2~4m/秒。

### 四、干热风的症状

干热风害是小麦生育后期经常遇到的气象生理病害。小麦的芒、穗、叶片和茎秆等部位均可受害。从顶端到基部失水后青枯变白或叶片卷缩萎凋,颖壳变为白色或灰白色,籽粒干瘪,千粒重下降,影响小麦的产量和质量。小麦干热风害无论是南方还是北方,无论是春麦区还是冬麦区均常发生。

### 五、干热风的成因

在小麦灌浆至成熟阶段,遇有高温、干旱和强风力是发生干热风害的主要原因。在此阶段,遇有2~5天的气温高于32℃,相对湿度低于30%,风速每秒大于2~3m的天气时,小麦蒸发量大,体内水分失衡,籽粒灌浆受抑或不能灌浆,造成小麦提早枯熟,这是因为白天气温高,相对湿度低于41%,植株体内水分蒸腾量大,根部吸收的水分不能满足上、下午开花形成两个高峰的需要,只好转向夜间。由于地上部水分大量蒸发,根系老化,水分供应跟不上,叶片生活力衰退,养分转移受阻,造成叶片昼卷夜开或昼夜卷缩不展开,直至青枯而死,与正常年份相比灌浆期缩短5天,灌浆高峰提早3天,灌浆量减少6g,芒角增加20~40度,收获期提早7~10天。春小麦中,高中秆品种比短秆抗干热风能力强、长芒一般比无芒或顶芒品种抗干热风能力强、穗下茎长的品种较穗下茎短的品种抗逆性强。至于蜡质茸毛多的品种,在干旱生态环境中是抗旱品种,但在灌溉条件下,则不抗干热风。

### 六、干热风的分类标准

按各地干热风日数和频率,可把干热风分为四类。

1. 严重干热风

全年干热风日数在10天以上,出现频率在15%以上。

2. 较重干热风

全年干热风日数为5~10天,出现频率、为10%~15%。

3. 轻干热风

全年干热风日数1~5天,出现频率不足10%。

4. 无干热风

基本无干热风。

### 七、防治方法

1. 提倡施用有机肥和磷肥,适当控制氮肥用量,合理施肥不仅能保证供给植株所需养分,而且对改良土壤结构,蓄水保墒,抗旱防御干热风起着很大作用。

2. 加深耕作层,熟化土壤,使根系深扎,增强抗干热风能力。

3. 在干热风害经常出现的麦区,应注意选择抗逆性强的早熟品种。

4. 抗旱剂拌种。抗旱剂能使作物缩小气孔开张度、抑制蒸腾、增加叶绿素含量、提高根系活力、减缓土壤水分消耗等功能和作用,从而增强了作物的抗旱能力。抗旱剂包括抗旱种衣剂、抗旱保水剂、抗旱喷洒剂等三种系列产品。它是由超强吸水剂、氮磷钾、中、微量元素、生根剂、杀菌剂和添加剂等经电离辐射等高科技手段制成的。其特点是吸水率高,保水性强,可反复吸水释水,吸收贮存水分形成土壤水库,供种子萌发和植物根系利用。植物抗旱剂产品无毒无味,不污染环境,不板结土壤,吸水剂施入土壤时,因吸持和释放水分的胀缩性,可使周围土壤由紧实变为疏松。产品最大特点是吸水、保水、保肥、抗萎蔫、固沙、杀菌防病和强力生根作用。因此,对植物具有较强的抗旱作用。

5. 适时早培育壮苗,促小麦早抽穗。有灌溉条件的适时浇好灌浆水、麦黄水,补充蒸腾掉的水分,使小麦早成熟。

6. 在小麦拔节至抽穗扬花期,喷洒6%~10%的草木灰浸提液1~2次,每亩喷配好的草木灰液50~60kg,孕穗至灌浆期喷洒磷酸二氢钾,每亩用量为150~220g,兑水50~60kg,也可喷洒抗旱剂1号,每亩用量为50g,先兑水少量,待充分溶解后再加水50~60kg；拔节至穗期也可喷洒增产菌，每亩250ml，兑水50~60kg。

# 第二节 冻 害

## 一、冻害的概念

冻害是农业气象灾害的一种。即作物在0℃以下的低温使作物体内结冰，对作物造成的伤害，在我国大部分地区都有可能发生。冻害的造成与降温速度、低温的强度和持续时间，低温出现前后和期间的天气状况、气温日较差及各种气象要素之间的配合有关。在植株组织处于旺盛分裂增殖时期，即使气温短时期下降，也会受害；相反，休眠时期的植物体则抗冻性强。

## 二、冻害的类型

主要分为霜冻和越冬期冻害。晚霜冻害是晚霜引起突然降温，对小麦形成低温伤害。尤其是暖冬年份，播种偏早、播量偏大的春性品种，受害重。北方的小麦冻害，一般发生在3月下旬至4月上、中旬，其为害程度与降温幅度、持续时间、降温陡度有关。降温幅度和降温陡度大，低温持续时间长，受害重。生产上出现霜冻分平流霜冻、辐射霜冻、混合霜冻三种。平流霜冻是指北方冷空气入侵后，引起剧烈降温。对地势高、风坡面小麦危害严重。辐射霜冻是在晴天无风的夜间，地面辐射强烈时，近地表急剧降温时产生的。它对低洼、河谷、盆地的小麦为害重。混合霜冻是在天空中有浓云密雾或含水量较大情况下，因地表散失热量反射，减少地面热散失，当天气转晴后，风平浪静，夜间地表温度突然下降，易形成混合霜冻。这种霜冻侵袭范围广、发生次数多，为害严重。

小麦发生冻害主要由于两方面原因：一是冬前气温较常年偏高，10月上旬至12月22日气温较常年偏高，导致部分小麦生长过快，阶段发育提前，未经抗寒锻炼，抗冻能力较弱，"冬至"后又遭遇长时间持续降温。二是早春降雪，小麦返青至拔节期遭受大幅度降温，且持续低温造成。

冬小麦受冻害主要可分为：(1)初冬温度骤降型。即在作物刚进入越冬期时,日平均气温骤然下降10℃左右,最低气温在-10℃以下,此时作物还未经受抗寒锻炼,而在冷空气的袭击下受到伤害。(2)冬季长寒型。隆冬季节持续低温并有多次寒潮过境而引起的急剧降温,黄土高原的中、北部地区可降至-20℃~-25℃甚至更低,降温幅度大、时间长并伴有大风,如遇上秋冬土壤干旱的年份,旱冻叠加常发生大面积的冬作物死亡。(3)冻融交替型。在冬季或冬末春初,天气回暖,越冬作物提前萌动生长,而后天气复又转冷,这样骤暖骤寒、冻融交替,引起越冬作物死亡。这种类型的冻害,往往比第二类型威胁更大。广义的冻害概念,还包括冬作物越冬期间的冻涝害、冰壳害等。冻害形成的机理目前认为是植物细胞膜的位相变化所引起的,即在低温胁迫下细胞膜的内在蛋白质变性,使主动运输系统钝化而造成的。防御冻害的措施主要有:选育和采用抗寒品种、改善越冬作物的田间小气候条件和培育壮苗等。

### 三、冻害的危害

受冻害较轻麦田,麦株主茎及大分蘖的幼穗受冻后,仍能正常抽穗和结实;但穗粒数明显减少。冻害较重时 主茎、大分蘖幼穗及心叶冻死,其余部分仍能生长;冻害严重的麦田 小麦叶片、叶尖呈水烫一样的硬脆,后青枯或青枯成蓝绿色,茎秆、幼穗皱缩死亡。

### 四、症状

冻害较轻麦田,麦株主茎及大分蘖的幼穗受冻后,仍能正常抽穗和结实;但穗粒数明显减少。冻害较重时,主茎、大分蘖幼穗及心叶冻死,其余部分仍能生长;冻害严重的麦田,小麦叶片、叶尖呈水烫一样的硬脆,后青枯或青枯成蓝绿色,茎秆、幼穗皱缩死亡。尤其是当小麦进入拔节后,抗寒性明显下降。突然降温后麦株体温下降到0℃以下时,细胞间隙的水首先结冰。如温度继续降低,细胞内也开始结冰,造成细胞脱水凝固而死。

### 五、防治方法

(1)注意选用适合当地的抗寒小麦品种。(2)提高播种质量,播种深度掌握在3~5cm之间。(3)培育冬前壮苗,冬春镇压。在霜冻即将出现的夜晚熏烟,以减少地面辐射散热,提高近地面和叶面温度,防止发生霜冻。(4)小麦受冻后采取补救措施,及时加强水肥管理。对叶片受冻、幼穗没有受冻的麦田,应追速效氮肥,每亩追施硝酸铵10~13kg或碳酸氢铵20~30kg,中耕松土,促使受冻麦苗尽快恢复生长。一般不要毁种、刈割或放牧,要设法挽救。(5)冬、春小麦提倡采用地膜覆盖栽培技术,采用小麦地膜覆盖是现阶段最具潜力的小麦抗旱保温大幅增产的高新技术。

### 六、小麦冻害的分级

小麦冻害一般可分为四级。一级冻害为轻微冻害,主要表现为上部2~3片叶的叶尖或不足1/2叶片受冻发黄;二、三级冻害主要表现为叶片一半以上受冻枯黄;四级冻害为严重冻害,主要表现为30%以上的主茎和大分蘖受冻,已经拔节的,茎秆部分冻裂,幼穗失水萎蔫甚至死亡。

### 七、小麦冻害的特点

小麦冻害主要有以下特点:一是播种过早,阶段发育提前的小麦受冻较重,适期播种的小麦冻害发生较轻。二是半冬性小麦品种冻害面积较大,冻害程度重。幼苗直立型冻害重,匍匐型冻害轻。冬性品种冻害轻。三是种植质量及播量影响冻害程度。整地质量差、播种量偏大、麦苗瘦弱的田块冻害发生重。四是施肥量过大且氮肥一次性作基肥施用,肥嫩旺长的田块,冻害较重。五是冬前采取镇压等控旺措施的田块防冻效果明显,冻害较轻,没采取控旺措施的田块冻害发生重,特别是冬前拔节的田块冻害普遍较重。

### 八、防治措施

1. 霜冻灾害的防御

目前,防御霜冻灾害的方法主要有两种。一是物理方法,如熏烟法:预先在将要发生霜冻的晴夜里熏烟,燃烧放热可增温;烟幕笼罩在农田上空,防止地面热量的扩散,同时由于烟幕的存在,地面有效辐射减弱,气温下降幅度减少;在形成烟幕的时候有许多吸湿性微粒产生,空气中的水汽在微粒上凝结放出一定的热量,也有助于温度提高。二是化学方法,喷施各种防霜剂、抗霜剂能有效地防御霜冻的危害。

2. 越冬期冻害的防御

为了防御冻害,宜根据当地温度条件,选用抗寒品种,并确定不同作物的种植区域和海拔上限。

3. 补救措施

(1)返青至起身期,在2月下旬至3月中旬要以促为主,及早划锄铲除杂草提高地温，每亩追施5~10kg尿素。

（2）起身拔节期，喷施天达2116粮食专用型600倍液，调节生长，防止春季倒春寒造成小麦冻害。

（3）对发生纹枯病、锈病的麦田，要在3月上旬进行一次普防，用20%粉锈宁乳油或5%井冈霉素水剂+天达2116壮苗专用型600倍液防治，控害增收，确保小麦增产。

# 第三节 倒 伏

### 一、症状

在小麦生育中后期，发生局部或大部分倒伏，严重影响小麦成熟，降低千粒重，造成减产。

### 二、成因

一是气候因素。在小麦灌浆末期，由于先后阴雨，伴随阵风或大风，可使小麦大面积发生倒伏。二是栽培措施不当。如播量过大，返青起身期进行追肥浇水至基部节间拉长，特别是第一节间茎秆中糖分积累减少，茎壁变薄，减弱了抗倒能力，生产上凡是在5月下旬小麦穗部重量增加，浇了麦黄水的高产田，土壤松软，遇风后均会发生不同程度倒伏。三是品种间抗倒伏能力有一定差异。

### 三、倒伏的种类

一般分根倒伏与茎倒伏两种。一块农田上可以只发生一种倒伏，也可以是两种类型同时发生。根倒伏表现为茎不弯曲而整株倾倒，有时完全倒在地面。其发生常是由于根系弱小、分布浅或根受伤，当灌水或降雨过多时，土壤软烂，固定根的能力降低，如遇大风即整株倒下。茎倒伏即作物茎秆呈不同程度的倾斜或弯曲，有时下折。这常是由于茎的节间尤其是下部节间延伸过长、机械组织发育不良，或是由于茎秆细弱、节根少，遇到大风或其他机械作用，茎的中、下部承受不住穗部或植株上部的重量而引起。茎秆受病、虫为害的植株,容易发生弯折。

### 四、倒伏的危害

倒伏会打乱叶的分布,部分或相当多的叶片因被压或被盖,得不到足够的光照而影响光合作用的进行,有时叶片还会变黄腐烂,影响收获物的产量。发生根倒伏时,部分根被拉断,影响更大。生育早期发生根倒伏时,可使花数、结实数和麦类作物的有效分蘖数减少。在生育后期湿度大的情况下,被压在下面的麦穗有时会出现"穗发芽"现象。

根系、茎秆抗倒伏性状的强弱,既与品种特性有关,也与施肥、灌水和种植密度等栽培措施有关。施用氮肥和灌水过多或时期不当,会引起徒长,使茎秆的支持力减弱;种植密度过大则根系弱小,这些都会使作物抗倒伏能力降低。

### 五、防治方法

(1)选用抗倒伏的小麦品种。高产麦区以选用抗逆性强,综合性状好,抗倒的品种为主。各高产品种搭配比例协调,做到布局合理,达到灾害年份不减产,风调雨顺年份更高产。(2)播种前种子用40%矮壮素亩用75ml或30g原粉兑水后均匀拌种,晾干后播种。(3)实施宽幅精量匀播,建立丰产的合理群体结构。这对不同小麦品种形成较合理的群体结构和构成产量三因素、对预防倒伏、提高产量具有很重要作用。(4)防病治虫,推广化控对小麦病虫害等采取预防为主、综合防治的措施。一旦达到防治指标,及时喷药,增加小麦抗逆力和抗倒伏能力。必要时在小麦起身期拔节前喷洒15%多效唑粉剂,每亩用药50~60g,兑水40~50kg,可有效的控制旺长,缩短基部节间。也可在冬小麦返青起身期使用20%壮丰安乳剂小麦专用型,每亩用30~40ml,兑水25~30kg均可匀喷施。春小麦于3~4叶期,每亩用壮丰安30~40ml,兑水25~30kg叶面喷施。可定向控制基部1~3节间伸长,但不影响穗下节间,使小麦秆强壁厚,有效抗倒,增产8%~13%。此外也可于小麦分蘖后期、拔节前期喷洒千分之三矮壮素,每亩喷药液800~100kg,对小麦生长发育有明显抑制作用,第一、二节节间变短,麦株矮化,茎秆变粗,根系发育粗壮,能有效地防止小麦倒伏,增产10%以上。此外,缩节胺、力克麦喷得、天威叶面肥、地尔金等都有一定防止倒伏的效果。

# 第四节 干　　旱

## 一、甘肃省旱灾的发生情况

甘肃地处青藏、蒙新和黄土三大高原交汇处，分属黄河、长江、内陆河三大流域，东西长1655km，地域狭长，地形多样，总面积45.4km²，最高海拔5800m，最低550m。全省多年平均年降水量280.6mm，无霜期160~240天，干旱、洪涝、风沙、冰雹、霜冻、病虫害等自然灾害多发，旱灾尤为频繁。

据《甘肃历代灾荒材料汇编》记载，自公元前104年至公元1947年二千余年中，旱灾发生252次。农谚有"三年一小旱，十年一大旱，二十年一特旱"之说。赵世英《甘肃历代自然灾害简志》记载，自1909年春、夏均抗旱之后，1927年陇东及中、南部五十余县大旱成灾，1928年和1929年全境相继空前大旱，1942—1944年全省发生周期性大旱，1945年五十余县春夏抗旱。甘肃古代较重旱灾频次见表3-13。

表3-13　甘肃古代较重旱灾频次　　　　　次/年

| 朝代 | 两汉 | 魏晋南北朝 | 隋唐五代 | 宋辽金元 | 明 | 清代至民国 |
|---|---|---|---|---|---|---|
| 旱灾频次 | 1/5 | 1/4.5 | 1/3.2 | 1/3.2 | 1/1.8 | 1/1.5 |

甘肃省是最典型、最严重的干旱省份之一，干旱出现频率高，占气象灾害的70%以上，是最主要的气象灾害。自然条件严酷，农业基础薄弱，十年九旱、干旱多灾是基本省情。旱作农业分布广、范围大，主要分布在陇东、陇中和陇南半干旱偏(易)旱区、半干旱区、半湿润偏(易)旱区，涉及平凉、庆阳、天水、定西、白银、临夏、陇南、甘南、武威、张掖及兰州11个市(州)的静宁、庄浪、会宁等71个县(市、区)，人口1700万人，占全省总人口的65%。全省现有耕地面积5173.49万亩，其中旱地面积3600万亩，占耕地面积的69.6%，旱作农业在全省农业和农村经济中占有十分重要的地位。根据对1950—2000年甘肃旱灾受灾和成灾面积统计资料分析，全省多年平均干旱受灾面积约为946.5万亩，约占播种总面积的18%，其中多年平均干旱成灾面积约为757.5万亩，约占播种总面积的14%。甘肃近50年来大旱年受灾情况及旱灾类型见表3-14。

表3-14　甘肃近50年来大旱年受灾情况及旱灾类型

| 年份 | 受灾面积（万亩） | 成灾面积（万亩） | 成灾率(%) | 减产粮食（万kg） | 旱灾类型 |
|---|---|---|---|---|---|
| 1962 | 1711.5 | 1522.5 | 88.9 | 56860 | 春季初夏旱 |
| 1971 | 1731 | 1548 | 89.4 | 71970 | 冬春连旱、伏秋连旱 |
| 1972 | 1606.5 | 1431 | 89.1 | 68140 | 伏秋连旱 |
| 1973 | 1650 | 1468.5 | 89.0 | 70520 | 春夏旱、伏秋连旱 |
| 1981 | 1762.5 | 1515 | 85.9 | 124120 | 春旱、春末初夏旱 |
| 1982 | 1954.5 | 1633.5 | 83.5 | 131450 | 夏旱严重 |
| 1987 | 1726.5 | 1435.5 | 83.1 | 110120 | 冬春旱、伏秋连旱 |
| 1991 | 1591.5 | 1099.5 | 69.1 | 65000 | 夏秋连旱 |
| 1992 | 1536 | 1209 | 78.7 | 40000 | 春旱 |
| 1994 | 1749 | 1246.5 | 71.2 | 52000 | 春旱、伏秋连旱 |
| 1995 | 3130.5 | 2562 | 81.8 | 150000 | 秋冬春夏连旱 |
| 1997 | 2361 | 1905 | 80.6 | 80000 | 春旱、夏秋连旱 |
| 2000 | 2433 | 1956 | 80.3 | 135000 | 春末初夏旱、伏旱 |
| 2007 | 2766.75 | 861.6 | 31.14 | | 春旱连夏初旱 |

## 二、甘肃大范围气候干燥、土壤干旱的主要原因

形成甘肃大范围地区的气候干燥、土壤干旱有多方面的原因，主要有：(1)大气环流背景。(2)水汽来源不充沛。(3)青藏高原地形的特殊影响。(4)生物环境。

每年10月到翌年6月，亚洲东海岸维持着一个准常定的高空槽，在这种大气环流的控制下，我国北方广大地区由于位于槽后，因而盛行着西北气流。甘肃就位于这个强盛的下沉气流部位，因此多晴朗的天气，雨天很少。又由于甘肃深居大陆深处，东南季风雨北上西进到甘肃一带之后，不仅势头大大地减弱了，而且停留的时间不长，雨季比较短，因而降雨量要比我国东部和东南部沿海一带的雨量减少1/2~2/3。第三，青藏高原的高大隆起地形的特殊影响，迫使西风气流分为南北两支，甘肃受北支气流的控制。在青藏高原的动力和热力作用下，甘肃上空经常维持着一支偏北的下沉气流，迫使降雨天气减弱甚至消失，这就形成了一个少雨干旱地带。第四，广大的森林草原植被被毁，减少了内循环雨量，导致水分平衡进一步发生了大的变化。生态平衡遭到破坏的结果，又进一步加剧了气候的恶化，使干旱变得更为严重。

据研究，甘肃降雨量的变化主要是三年周期，即所谓三年一大旱。实际上

农业生产中给人的印象是，干旱在甘肃差不多每年都有发生，只是表现出的时间、地点和轻重程度不同而已。甘肃省常年受干旱影响危害的面积在500~2000万亩之间，平均减产一至四成。春旱出现频率，中部地区为30%~60%，陇东、陇南为20%~40%；春末初夏旱出现频率，中部地区为40%~70%，陇东为20%~50%；伏旱陇南和天水易发生，出现频率40%~60%；中部地区和陇东较易发生，出现频率30%~50%。公元1400—1999年陇中年共发生旱灾280次，平均每2.14年发生1次。干旱灾害以中度旱灾为主，占旱灾总次数的45.4%，其次是大旱灾，占旱灾总次数的32.1%，特大旱灾和轻度旱灾发生频率较低，各占旱灾总次数的10%和12.5%。会宁县春末夏初旱有三年和五年的周期变化，并以三年周期变化显著，所以群众有"三年两头旱，五年一大旱"的说法。伏旱约两年一遇。秋旱出现机率较小，平均约三年发生一次。河西地区虽然大气降水很少，由于是灌溉区，农业生产缺水的矛盾不是特别突出，只是在春播时期感到用水紧张，部分地方需水与供水不足表现出了矛盾。石羊河由于水量小，其下游的民勤与上、中游的武威灌溉用水矛盾突出。

春旱影响春小麦播种出苗、冬小麦返青生长，春末初夏旱影响小麦生长和产量形成，伏旱主要影响大秋作物生长和产量。

通过对甘肃各地每年每亩面积上可能得到（收入）多少吨（$m^3$）的降水、各种农作物完成一次生长发育周期的平均需水量（吨/亩）、≥0℃与≥10℃期间的降水量占冬小麦、春小麦等单一农作物需水量的百分率和≥0℃与≥10℃期间的降水量占冬小麦+玉米（谷子）、冬小麦+马铃薯等一年二作需水量的百分率的计算，可以看出，以一年一作而言，甘肃有70%左右的地区当地的自然降水量不能满足小麦的生长发育对于水分的需要。这种缺水现象愈往北和西北愈加增多，干旱的威胁愈加明显和突出。如果再加上复种作物的需水量，就是在甘肃降雨量最多的陇南东南部地区，也只能满足二作需水量的70%~80%左右，陇东、中部干旱区和河西走廊地区缺水就更多了。上述所计算的自然降水收入量内还未扣除可能的自然径流量。由此可知，甘肃农业生产上存在的主要气象问题是自然的降水量少，土壤里的水分含量少，干旱时间长，是影响农业生产，造成产量不稳定、质量提不高的主要矛盾。因此说，如何解决甘肃广大旱农耕作地区的干旱缺水问题，是农业建设中一项带有战略性的问题。

### 三、小麦干旱的防御对策

**1. 建设旱涝保收高标准农田**

首先要平整土地,平整土地是减小径流、控制水土流失、增加土壤水库蓄水量的有效办法。坡耕地修成水平梯田后,大大减慢了径流速度,增加雨水就地渗入土壤的时间,水土流失减少,蓄住天上水,土壤水库的蓄水量增加。其次要优化农田水资源配置,完善灌溉设施,开发灌溉水资源。

**2. 人工增雨**

这些年,在小麦干旱时,合理利用人工增雨作业取得了很好的成绩。要选用适宜的时间,用飞机、火箭等向云中播撒干冰、碘化银、盐粉等催化剂,人为的增补一些形成降雨的必须条件,促使云滴凝结和合并增大,形成降雨,以缓解和解除农田小麦干旱。

**3. 农田生态环境建设与保护**

通过植树造林、营造防风林带,能够形成良好的小麦抗旱的生态环境。涵养水分,防止水土流失。研究表明,1亩的刺槐林在夏季能蒸散71.33吨的水,林地气温比非林地气温低0.7℃~2.3℃,风速降低,减轻风沙和干热风等灾害。正像群众所言"山上长满树,像个大水库,雨多它能吞,雨少它能吐,治山治水不种树,有土有水保不住"。搞好植树造林是提升当地小麦生产水平的重要措施。

**4. 构建抗旱减灾服务体系**

抗旱是一项系统工程,涉及的部门较多、范围广,故要加强各级政府、相关部门的协调,农业、水利、气象、环保、林业、财政、民政等有关部门,应该按照各自的职责,开展干旱的预测预警,制定抗旱计划,组织实施抗旱工作。

**5. 推广抗旱节水栽培技术**

(1)选择良种,以种省水。近几年,甘肃省选育推广了一批分蘖力强、抗干热风的小麦耐旱品种,在旱地推广表现出较好的抗旱效果。在山塬旱地要坚持抗旱性、抗寒性和抗锈性的统一,加快耐旱、抗寒、抗锈、耐瘠薄小麦品种的选育,并加快推广应用,达到以种省水的效果。在小麦栽培上,在轻度干旱情况下(即土壤湿度为田间持水量的60%~50%时)或中度干旱情况下(即土壤湿度为田间持水量的50%~40%时)适期播种小麦时,应在进行种子包衣或浸水催芽处理后立即抢墒播种,且应适当加大播种量,播种时先用分土器将表层干土分到两边,再将种子播到下面较湿土壤内,并随之轻度压糖保墒,可提高出苗率;对幼小植株进行抗旱锻炼也能提高作物的抗旱能力。同时,严格品种区域布局,在旱地不提倡引进种植水浇地品种,防止受旱大减产。

(2)精耕细作,以土蓄水。"土壤水库"贮蓄水分的多少,与土层厚薄、土壤结构有关。在山塬区旱地小麦推广每三年深耕或深松一次的技术,加厚活土层,有效增加土壤的蓄墒能力,接纳雨水,促进小麦根系下扎和养分吸收。旱地推广伏雨春夏用、休闲期蓄水保墒技术,通过休闲期深松、旋耕、细耙等土壤耕作措施,最大限度地接纳雨水,蓄好底墒,保住表墒,伏雨春用,秋雨夏用。

(3)轮作倒茬,培肥地力,以肥调水。小麦与豆类作物、饲料作物进行轮作,可以提高肥力;大力推进秸秆还田,指导农民施用农家肥、沼肥,在适宜地区推广商用有机肥。通过一系列措施,稳步提高土壤有机质含量,改良土壤,以肥调水、以土保墒。旱地小麦施肥要增施磷肥、氮磷配合、适当补钾,以肥养土、肥土保墒、肥水促苗、苗壮根深、以根调水,最大限度开发利用土壤深层水,提高自然降水利用率。据调查,在西北旱地伏深耕配合其他培肥措施,0~200cm土层的贮水能力可提高14%以上,压绿肥每亩1~1.5吨,麦田有机质含量提高0.2%~0.36%,土壤团粒结构增加4.4%,土壤孔隙度提高3.4%,含水量较同类麦田提高2%~3%。

(4)加强田间管理,以管理保水。因地制宜推广旱地小麦地膜覆盖、玉米秸秆覆盖等旱作节水技术,起到了很好的保墒、增温、抑制蒸发作用,提高了旱地小麦生产水平。切实加强麦田管理,推进农机配套,大力推广冬春季镇压、顶凌耙耱、划锄松土等传统措施。耕层坷垃较多,秸秆还田后地虚,或灌水及雨后土壤板结龟裂时,镇压可有效防止土壤水分的蒸发。"锄头底下有水又有火",返青后土壤返浆时,及时划锄,切断土壤毛细管,减少水分蒸发;疏松土壤,增加降水渗入,提高地温,加速养分转化,消灭杂草,减少水分与养分非生产消耗节水保墒。

(5)培育壮苗,以苗节水。以提高播种质量、培育冬前壮苗为目标,大力推广小麦规范化播种技术,强化适期、适量、适墒播种,抓好耕作整地、耕翻或旋耕后耙压、前茬秸秆还田后浇水造墒或镇压塌实土壤、药剂拌种或种衣剂包衣、播后镇压等技术环节的落实,保证播种质量,力求一播保全苗,促进早分蘖、早发根,个体健壮、群体适宜。

(6)科学用水,以水促水。掌握小麦需水规律,合理安排水资源,因地、因时、因墒科学浇水。能浇一水的情况下,优先保证底墒水,能浇两水的情况下增加拔节水,能浇三水的情况下再增加越冬水。大力推广农艺节水、工程节水等节水灌溉技术,提高水资源利用率。

(7)一喷三防,喷抗旱剂,可增强小麦的抗旱能力。开花10天到灌浆初期喷施1%~2%尿素溶液、0.2%磷酸二氢钾溶液、杀菌剂、杀虫剂,每亩用量50~75kg,连喷2次,延长叶片功能期,提高小麦抗旱、抗干热风能力。示范推广喷施抗旱剂等化学调控技术,减少植株水分散失,促进根系生长,抵御季节性干旱和干热风。

★复习思考题★

1.防止干热风的主要措施有哪些?
2.防止倒伏的主要措施有哪些?
3.防止冻害的主要措施有哪些?
4.结合当地自然情况,归纳总结旱灾的防御措施。

# 第八章 旱作区小麦生产配套农机具简介

## 一、2MBXF-120型覆膜覆土播种机简介

2MBXF-120型旋耕覆膜覆土播种机是洮河拖拉机制造有限公司研制,以18~30马力轮式拖拉机为动力,可一次性完成旋耕、铺膜、覆土、镇压、播种等全膜覆土播种作业,适用于川、塬、梯田、沟坝等平整土地的小麦、苜蓿、青稞等作物的铺膜穴播作业。

图3-30 2MBXF-120型覆膜覆土播种机

表3-15 2MBXF-120型覆膜覆土播种机主要技术参数

| 项目名称 | | 单位 | 规 格 |
|---|---|---|---|
| 型号 | | / | 2MBXF-120型 |
| 整机质量 | | kg | 246 |
| 配套动力 | 功率 | kw | 13.2~22轮式拖拉机 |
| | 输出转速 | 圈/分 | 540 |
| 外形尺寸(长×宽×高) | | mm | 1500×1500×900 |
| 旋耕刀 | 型号 | / | IT195 |
| | 数量 | 把 | 20 |
| 地膜 | 厚度 | mm | 0.008~0.01 |
| | 宽度 | mm | 1200 |
| 作业幅宽 | | mm | 1150~1200 |
| 膜面覆土厚度 | | mm | 5~15 |
| 输送带 | 宽度 | mm | 1200 |
| 传动机构形式 | | / | 后动力输出轴传动 |
| 挂接方式 | | / | 后三点悬挂 |

## 模块三：小麦栽培技术

续表

| 项目名称 | 单位 | 规格 |
|---|---|---|
| 播种方式 |  | 穴播 |
| 行距 | mm | ≥140(无级可调) |
| 穴距 | mm | 120,240,360(可调) |
| 播种粒数 | 粒 | 小麦8~12,玉米1~3 |
| 运输间隙 | mm | 305 |
| 作业速度 | 亩/天 | 48 |
| 生产率 | 亩/小时 | 6~9 |

### 二、2MXF-120-3型旋耕覆膜覆土联合作业机

2MXF-120-3型旋耕覆膜覆土联合作业机是洮河拖拉机制造有限公司研制，该机以18~30马力轮式拖拉机为动力，可一次性完成旋耕、开沟起垄、铺膜、上土、覆土、镇压作业，适用于川、塬、梯田、沟坝等平整耕地三垄沟或多垄沟农作物微沟微垄种植的开沟起垄铺膜作业。

图3-31 2MXF-120-3型旋耕覆膜覆土联合作业机

表3-16 2MXF-120-3型旋耕覆膜覆土联合作业机主要技术参数

| 项目名称 | | 单位 | 规格 |
|---|---|---|---|
| 型号 | | / | 2MXF-120-3 |
| 整机质量 | | kg | 290 |
| 配套动力 | 功率 | kw | 13.2~22轮式拖拉机 |
| | 输出转速 | 圈/分 | 540 |
| 外形尺寸(长×宽×高) | | mm | 1850×1600×1100 |
| 使用地膜 | 厚度 | mm | 0.01 |
| | 宽度 | mm | 1200 |
| 作业幅宽 | | mm | 1200 |
| 膜边覆土宽度 | | mm | 50~100 |
| 垄沟覆土厚度 | | mm | 10~20 |
| 输送带 | 宽度 | mm | 1200 |
| 传动机构形式 | | / | 后动力输出轴传动 |
| 挂接方式 | | / | 后三点悬挂 |
| 运输间隙 | | mm | 305 |
| 作业速度 | | 亩/天 | 48 |
| 生产率 | | 亩/小时 | 4.5~7.5 |

### 三、2BF-6型小麦宽幅精准匀播种机

2BF-6型小麦宽幅精准匀播机是定西市三牛农机制造有限公司等研制。该机械在精量、半精量播种技术的基础上,改变传统密集条播籽粒拥挤一条线为宽播幅种子分散式粒播,小麦单行播幅由传统的1~2cm加宽到10~12cm,种子分散均匀。

2BF-6型小麦宽幅精准匀播机动力采用18.4~29.8kw四轮拖拉机配套。该机可一次性完成开沟、施肥、播种、镇压等作业。

图3-32 2BF-6型小麦宽幅精准匀播机

表3-17 2BF-6型小麦宽幅精准匀播机主要技术规格

| 序号 | 项目 | 单位 | 规格 |
| --- | --- | --- | --- |
| 1 | 产品型号 | / | 2BF-6型 |
| 2 | 作业幅宽 | mm | 1480~1530 |
| 3 | 配套动力 | 千瓦 | 18.4-29.8kw四轮拖拉机 |
| 4 | 外形尺寸(长×宽×高) | mm | 1750×1660×1100 |
| 5 | 整机质量 | kg | 168 |
| 6 | 播种(施肥)行数 | 行 | 6 |
| 7 | 播种深度 | mm | 30~70 |
| 8 | 施肥深度 | mm | 80~150 |
| 9 | 播种(施肥)行距 | cm | 20~24(可调) |
| 10 | 排种器型式 | / | 窝眼式 |
| 11 | 排肥器型式 | / | 外槽轮式 |
| 12 | 挂接方式 | / | 后悬挂 |
| 13 | 传动型式 | / | 链条传动 |
| 14 | 开沟器型式 | / | 松土铲式 |
| 15 | 作业效率 | 亩/小时 | 3~5 |

### 四、2BT-2电动精量穴播机、2BT-3电动精量穴播机

2BT-2电动精量穴播机、2BT-3电动精量穴播机是洮河拖拉机制造有限公

## 模块三：小麦栽培技术

司研制,适应于玉米、小麦、小籽粒作物的覆膜精量(穴播)种植,成功地解决了地膜全覆盖种植难题。也可以在耕地良好的条件下,无覆膜精量(穴播)种植。

该机是手扶式以蓄电池为动力源,直流电动机驱动地轮,牵引精量穴播播种机作业的机具,无级调速方便,结构紧凑,操作方便。

外形尺寸(长×宽×高):1400×476×1000(mm);结构质量:52kg;工作幅宽:40cm;行距:40cm;工作行数:2行;穴距:12.5~45(cm);播种深度:2.0~6.0(cm);成穴器数量:4~14(个);种子箱容积:3.4L;电压(直流):24V;作业速度:≤1.827亩;作业效率:亩/小时(3亩/小时),一次充电连续作业7小时。

图3-33　2BT-2电动精量穴播机

### 五、2MBFK-1.4型旋耕覆膜覆土施肥播种机

2MBFK-1.4型旋耕覆膜覆土施肥播种机是酒泉市铸陇机械制造有限责任公司研制。与22~25.7kW(30~35马力)带后动力装置的小四轮拖拉机配套。是根据北方地区、种植经验及农艺要求等情况研制成的旋耕铺膜覆土施肥播种机。可一次性完成施肥、铺膜、覆土、播种工序,从而实现施肥、铺膜、覆土,播种四个工艺过程。适合在年降水量300~600mm的半干旱,半湿润偏旱区应用,适宜的主要作物为小麦,胡麻,油菜,青稞,莜麦和蔬菜等密植作物。

图3-34　2MBFK-1.4型旋耕覆膜覆土施肥播种机

1.旋耕覆膜覆土施肥播种机的检查

(1)播种前必须先试种,按农艺及机具要求必须将地块处理好,不允许有大土块及明显废旧地膜、植物根等影响铺膜、播种。调整机具时应当选择较平地块,不宜选用地埂边试种。

(2)地膜应选用正规厂家生产的地膜,两端面应整齐,整体圆滑,无碰伤、破损。

(3)种子必须购正规籽种,应无杂物,在加种前必须检查,如有合格证等物必须清除,并在购机时和购机后做下种试验。肥料必须是颗粒肥。

(4)穴播器安装前先检查有无变形、损伤,然后注意安装方向,首播时必须挨个检查鸭嘴正常程度,抽查每个鸭嘴播种情况,土质有明显区别时应全面检查播种质量。

2.旋耕覆膜覆土施肥播种机的调整

作业前必须调整好传动带的张紧位置,以使传动带处于适当张紧状态,作业时根据情况调整旋土刀以保证上土量。

播后检查,先查铺膜质量,膜边压紧情况。在正常膜铺好地段重点检查播种,将盖土清开,观察有无错位,即籽种是否在孔内,略离中心偏一点为正常,籽种位于膜孔边即不正常,不能播种。检查播深,正常深度为35~40mm(膜面以下),如达不到深度不能播种。分析产生偏差的原因,若自行不能解决,请联系生产厂家服务人员或销售点技术人员调整。穴播器下种量是生产商统一制造,经过严格检验的,若下种范围不符合用户要求,请用户找有经验机手咨询,原则上不允许售后服务人员调整下种量。

## 六、2MBFK-1.2型旋耕覆膜覆土播种机

2MBFK-1.2型旋耕覆膜覆土播种机与18.4~29.4kw(25~35马力)带后动力装置的小四轮拖拉机配套。是根据北方地区种植经验及农艺要求等情况研制成的旋耕铺膜覆土播种机。可一次性完成铺膜、覆土、播种工序,从而实现铺膜、覆土,播种三个工艺过程。适合在年降水量300~600mm的半干旱,半湿润偏旱区应用,适宜的主要作物为小麦,胡麻,油菜,青稞,莜麦和蔬菜等密植作物。

# 模 块 四

## 马铃薯栽培技术

# 第一章 马铃薯生产概况

● 学习任务指导 ●
1. 掌握和了解我国马铃薯的发展概况。
2. 了解和掌握甘肃马铃薯的发展概况。

## 第一节 我国马铃薯发展概况

1950年,全国马铃薯栽培面积155.9万 $hm^2$,总产870万吨,平均单产5.58吨/$hm^2$。1982年,全国栽培面积245万 $hm^2$,平均单产9.7吨/$hm^2$。1995年以来,在种植结构的调整下,马铃薯生产发展很快,2000年全国栽培面积472.3万 $hm^2$,总产6628万吨,平均单产14吨/$hm^2$。由于留种制度的建立和间作套种技术的推广,使中原和南方冬作区的马铃薯面积迅速扩大,并涌现出一些高产典型,但就全国而言,由于马铃薯多分布于无霜期短、土壤瘠薄的干旱山区,耕作栽培较粗放,单产增加的幅度远低于种植面积增加的幅度。

## 第二节 甘肃马铃薯发展概况

马铃薯在甘肃栽培历史悠久,据史料记载,马铃薯大约在清乾隆二十九年(1764年)至同治二年(1863年)之间传入甘肃天水。1920年,全省马铃薯种植面积0.71万 $hm^2$,总产量2.24万吨,亩收获量211.03kg。1931年,全省马铃薯种植面积1.79万 $hm^2$,总产量11.74万吨,分别占甘肃主要粮食作物面积的1.13%

和总产量的6.8%。1946年，全省马铃薯面积为14.62万hm$^2$，占农作物总面积的5.7%，总产量27.4万吨，占粮食作物总产量的13.6%，仅次于小麦。

马铃薯是甘肃三大粮食作物之一，在确保粮食安全中占有重要地位。2011年，全省鲜薯总产量达到1100万吨以上，占全省三大粮食作物总产量的30%，产量稳居全国第一，外销鲜薯近350万吨，相当于调出粮食70万吨，实现总产值77亿元。

★知识链接★

### 马铃薯的起源、分布

根据考证，马铃薯栽培种的起源中心为秘鲁和玻利维亚交界处的"的的喀喀湖"盆地中心地区。南美洲秘鲁及沿安第斯山麓智利海岸以及玻利维亚等地区都是马铃薯的故乡。野生种的起源中心则是中美洲及墨西哥，在那里分布着系列倍性的野生多倍体种。1536年西班牙探险队员把马铃薯从南美洲带到欧洲，后经260年的时间，传遍了整个欧洲。马铃薯在明朝万历年间(1573-1619年)传入我国。京津地区是亚洲较早见到马铃薯的地区之一。17世纪初经海路传入广东、福建沿海各省。

马铃薯在世界上是继小麦、水稻、玉米之后的第四大农作物。2000年世界马铃薯种植面积为1877.7万hm$^2$，总产量3.02亿吨，单产16吨/hm$^2$。分布于世界五大洲148个国家和地区。主产国为中国、俄罗斯、乌克兰、印度、波兰。五国种植面积占世界的60%，产量占世界的50%左右。世界马铃薯主产国家中荷兰生产水平最高，单产约为45吨/hm$^2$，而且是世界上重要的种薯出口国家。

我国马铃薯生产遍及全国各个省(自治区)，主产区为东北、华北、西北和西南等地区，其栽培面积占全国的90%以上，中原和东南沿海各地较少。目前我国种植面积最大的是内蒙古，2000年全区种植面积64.64万hm$^2$，其次是贵州省，为47.7万hm$^2$，超过20万hm$^2$的省(自治区、直辖市)有内蒙古、贵州、甘肃、黑龙江、山西、云南、重庆、陕西、四川、湖北和河北。

★复习思考题★

1. 甘肃马铃薯的栽培历史有多久？
2. 甘肃马铃薯的面积和产量分别是多少？

模块四：马铃薯栽培技术

# 第二章　马铃薯栽培的生物学基础

•学习任务指导•
1. 掌握马铃薯的根、茎、叶、花、果实和种子。
2. 掌握马铃薯的六个生育时期以及块茎的休眠原因及生理特性。

## 第一节　马铃薯的形态特征

马铃薯属茄科（Solanaceae）茄属（Solanum）草本植物,有野生种和栽培种,目前生产上应用最普遍、经济价值最高的品种,基本上是茄属普通栽培种（Solanum tuberosum L.）,其体细胞染色体数目为 2n=48。

马铃薯植株按形态结构可分为根、茎、叶、花、果实和种子等几部分。

### 一、根

马铃薯用种子繁殖的为直根系,用块茎繁殖的为须根系,没有明显的主侧根之分。一般在块茎萌发时,在幼芽基部节上形成初生根,然后伸长、分枝、发展形成新生根系,新生根分枝力强,是主要的吸收根系。随着幼苗生长,在地下茎节处匍匐茎周围发生匍匐根,称为后生根。生长前期根系主要分布于土壤表层,向水平方向伸展,通常达 30~60cm 后转向垂直生长,一般深度不超过 60~70cm,少数根系可达 1m 以上。根系的分布深广度因品种、土壤疏松状况而异,早熟品种根系分布范围小,中晚熟品种根系分布范围大,土壤疏松营养状况好,根系分布范围大,反之则小。

## 二、茎

马铃薯的茎包括地上茎、地下茎、匍匐茎和块茎,都是同源器官,但形态和功能各不相同。

1. 地上茎

块茎芽眼萌发的幼芽发育形成的地上枝条称地上茎,简称茎。栽培种大多直立,有些品种在发育后期略带蔓性或倾斜生长。茎的横切面在节处为圆形,节间部分为三棱、四棱或多棱。在茎上由于组织增生而形成突起的翼(或翅),沿棱作直线着生的,称为直翼。沿棱作波状起伏着生的,称为波状翼。茎翼的形态是品种的重要特征之一。茎多汁,成年植株的茎,节部坚实而节间中空,但有些品种和实生苗的茎部节间为髓所充满,而只有下部多为中空的。茎呈绿色,也有紫色或其它颜色的品种。

茎具有分枝的特性,分枝形成的早晚、多少、部位和形态因品种而异。一般早熟品种茎秆较矮,分枝发生晚;中晚熟品种茎秆粗壮,分枝发生早而多,并以基部分枝为主。茎的再生能力很强,在适宜的条件下,每一茎节都可发生不定根,每节的腋芽都能形成一棵新的植株。在生产和科研实践中,利用茎再生能力强这一特点,采用单节切段、剪枝扦插、压蔓等措施来增加繁殖系数。多数品种茎高为30~100cm。茎节长度一般早熟品种较中晚熟品种短,但在密度过大,肥水过多时,茎长的高而细弱,节间显著伸长。

2. 地下茎

马铃薯的地下茎,即主茎的地下结薯部位。其表皮为木栓化的周皮所代替,皮孔大而稀,无色素层。由地表向下至母薯,由粗逐渐变细,长度因品种、播种深度和生育期培土高度而异,一般10cm左右。节数多为8节,个别品种也有6或9节的。每节的叶腋间,通常发生匍匐茎1~3个。在发生匍匐茎前,每个节上已长出放射状匍匐根3~6条。

3. 匍匐茎

是由地下茎节上的腋芽发育而成,顶端膨大形成块茎,一般为白色,因品种不同也有呈紫红色的。匍匐茎发生后,略呈水平方向生长,其顶端呈钥匙形的弯曲状,茎尖在弯曲的内侧,在匍匐茎伸长时,起保护作用,匍匐茎停止生长后顶端膨大形成块茎。匍匐茎数目的多少因品种而异。一般每个地下茎上发生4~8条,每株(穴)可形成20~30条,多的可达50条以上。在正常的情况下有50%~70%的匍匐茎形成块茎。不形成块茎的匍匐茎,到生育后期便自行死亡。匍匐茎具有向地性和背光性，入土不深，大部分集中在地表0~10cm土层内，匍匐茎长度一般为3~10cm，野生种可达1~3m。

匍匐茎比地上茎细弱得多，但具有地上茎的一切特性，担负着输送营养和水分的功能，在其结上能形成纤细的不定根和2~3级匍匐茎。在生育过程中，如遇到高温多湿和氮肥过量，特别是气温超过29℃时，常造成茎叶徒长和大量匍匐茎穿出地面而形成地上茎。

4.块茎

块茎是着生于匍匐茎顶端的变态茎，由匍匐茎的末节和次末节的节间极度缩短和积累大量养分缓慢膨大而成，当块茎开始膨大时，可见鳞片状退化叶，随块茎生长，鳞片凋萎而留下叶痕称芽眉。芽眉上部凹陷处称芽眼。芽眼内有一个主芽和两个侧芽，当发芽时，一般主芽萌发，侧芽休眠，当主芽受损伤时，侧芽才开始萌发。块茎与匍匐茎连接部分叫脐部，相对一端称顶部，有顶端优势，芽眼多，早发芽。切块后顶芽优势消失，但可扩大繁殖系数，减少用种数量。

块茎的大小依品种和生长条件而异。一般每块重50~250g，大块可达1500g以上。块茎的形状也因品种而异。但栽培环境和气候条件使块茎形状产生一定变异。一般呈圆形、长筒形、椭圆形。块茎皮色有白、黄、红、紫、淡红、深红、淡蓝色等。块茎肉色有白、黄、红、紫、蓝及色素分布不均匀等，食用品种以黄肉和白肉者为多。

马铃薯块茎的解剖结构自外向里包括周皮、皮层、维管束环、外髓和内髓。

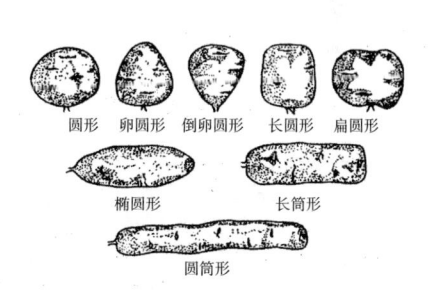

图4-1 马铃薯块茎的形状

## 三、叶

马铃薯最先长出的新生叶为单叶，以后随植株的生长形成奇数羽状复叶。复叶由顶生小叶、侧生小叶、侧生小叶间的二次小叶和叶柄茎部的托叶状小叶（又叫叶耳）组成。

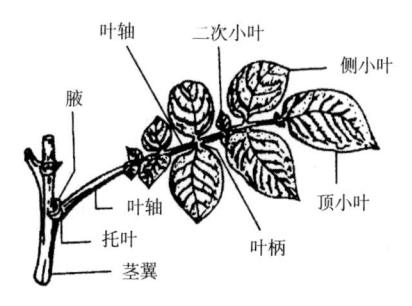

图4-2 马铃薯复叶

### 四、花

马铃薯为自花授粉作物。花序为聚伞花序。花柄细长,着生在叶腋或叶枝上。每个花序有2~5个分枝,每个分枝上有4~8朵花。花柄的中、上部有一突起的离层环,称为花柄节。花冠合瓣,基部合生成管状。顶端五裂,并有星形色轮,花冠有白、浅红、紫红及蓝色等。雄蕊5枚,抱合中央的雌蕊。花药有淡绿、褐、灰黄及橙黄色等。其中淡绿和灰黄的花药常不育。雌蕊一枚,子房上位,由两个连生心皮构成,中轴胎座,胚珠多枚。

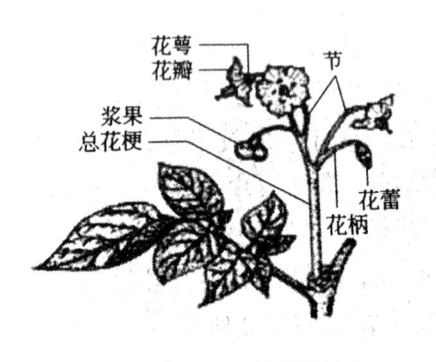

图4-3 马铃薯花序　　图4-4 马铃薯花

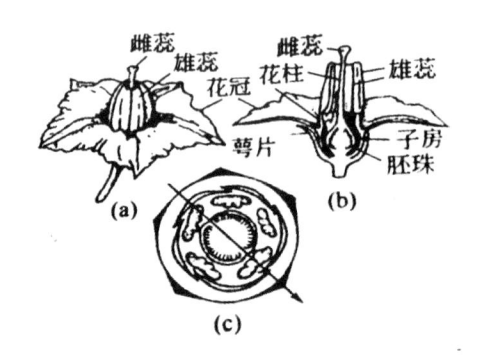

### 五、果实与种子

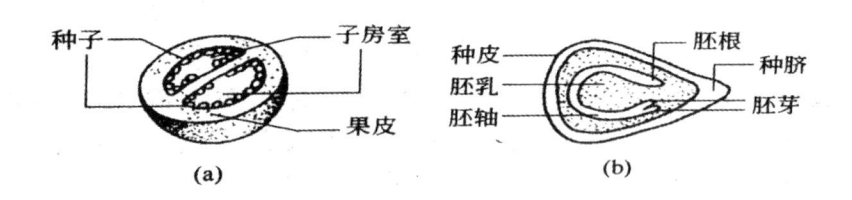

图4-5 马铃薯浆果和种子结构

马铃薯的果实为浆果,圆形或椭圆形。果皮为绿色、褐色或紫绿色。果实内含种子100~250粒。种子很小,千粒重0.5~0.6g,呈扁平卵圆形,淡黄或暗灰色。刚收获的种子,一般有6个月左右的休眠期。当年采收的种子,发芽率一般为50%~60%。贮藏一年的种子发芽率较高,一般可达85%~90%以上。通常在干燥低温下贮藏7~8年,仍具有发芽能力。

# 第二节 马铃薯的生长发育

马铃薯全生育过程划分为六个生育时期。

## 一、芽条生长期

种薯播种后芽眼开始萌发,至幼苗出土,为芽条生长期。块茎萌发时,首先幼芽发育,其顶端着生一些鳞片状小叶。即"胚叶",随后在幼芽基部的几节上发生幼根。该时期是以根系形成和芽条生长为中心,是马铃薯发苗扎根、结薯和壮株的基础。影响根系形成和芽条生长的关键因素是种薯本身,即种薯休眠解除的程度、种薯生理年龄的大小、种薯中营养成分及其含量和是否携带病毒。外界因素主要是土壤温度和墒情。该时期的长短差异较大,短者20~30天,长者可达数月之久。关键措施是把种薯中的养分、水分及内源激素调动起来,促进早发芽、多发根、快出苗、出壮苗。

## 二、幼苗期

幼苗出土到现蕾期为幼苗期。该期以茎叶生长和根系发育为主,同时伴随着匍匐茎的伸长以及花芽和侧枝茎叶的分化,是决定匍匐茎数量和根系发达程度的关键时期。多数品种在出苗后7~10天匍匐茎伸长,再经10~15天顶端开始膨大。植株顶端第一花序开始孕育花蕾,侧枝开始发生,标志着幼苗期的结束,一般经历15~20天。各项农艺措施的主要目标,在于促根、壮苗,保证根系、茎叶和块茎的协调分化与生长。

## 三、块茎形成期

现蕾期第一花序开始开花为块茎形成期。经历地上茎顶端封顶叶展开,第一花序开始开花,全株匍匐茎顶端均开始膨大,直到最大块茎直径达

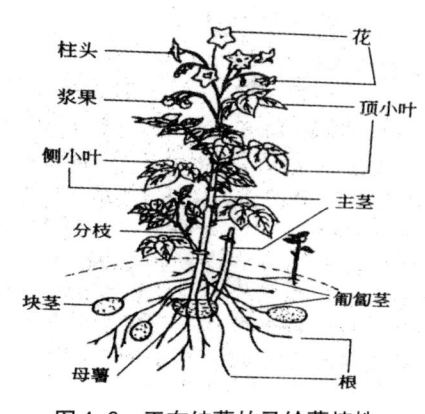

图4-6 正在结薯的马铃薯植株

3~4cm，地上部茎叶干物重和块茎干物重达到平衡。该期的生长特点是由地上部茎叶生长为中心，转向地上部茎叶生长与地下部块茎形成并进阶段，是决定单株结薯数的关键时期，该期经历30天左右。关键措施以水肥促进茎叶生长，迅速建成同化体系，同时进行中耕培土，促进生长中心由茎叶迅速转向块茎。

### 四、块茎增长期

盛花至茎叶衰老为块茎增长期。该期茎叶和块茎生长都非常迅速，是一生中增长最快、生长量最大的时期。地上部制造的养分不断向块茎输送，块茎体积和重量不断增长，是决定块茎体积大小的关键时期，也是一生中需水、需肥最多的时期，经历15~20天。

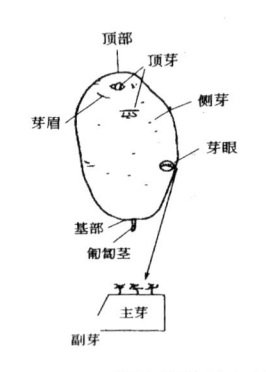

图4-7　马铃薯块茎的外部结构 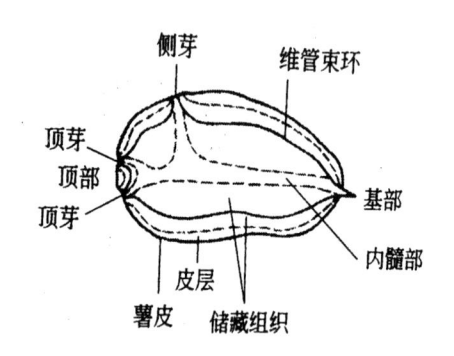　　　　图4-8　马铃薯块茎的内部结构

### 五、淀粉积累期

茎叶开始衰老到植株基部2/3左右茎叶枯黄为淀粉积累期，经历20~30天。该期茎叶停止生长，但同化产物不断向块茎运转，块茎体积不再增大，但重量仍在增加，是淀粉积累的主要时期。技术措施的任务是尽量延长根、茎、叶的寿命，减缓其衰亡，加速同化产物向块茎转移和积累，使块茎充分成熟。

### 六、成熟期

在生产实践中，马铃薯无绝对的休眠。收获期决定于生产目的和轮作中的要求，一般当植株地上部茎叶枯黄，块茎内淀粉积累达到最高值，即为成熟收获期。

# 第三节　马铃薯块茎的休眠

马铃薯块茎从成熟收获到芽眼萌动有一个休眠的过程。块茎休眠对于种薯来说,在播种前应解除休眠,利于早出苗、出齐苗。而作为加工原料薯和菜用薯来讲,休眠解除的越慢,贮存时间越长。因此,了解块茎的休眠原因及生理特性,对栽培和贮藏保鲜都具重要意义。

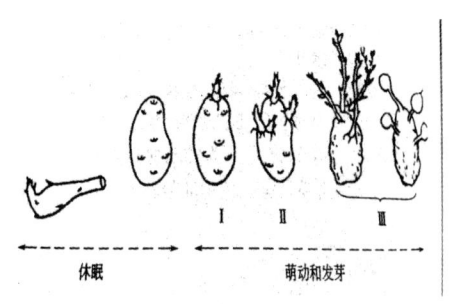

图4-9　马铃薯块茎的形成、休眠、萌动和发芽

## 一、休眠原因

马铃薯块茎的休眠及解除,以萌芽为分界标志。马铃薯块茎休眠及解除是一个复杂的生理过程,受很多内在因素所支配。研究证明,马铃薯块茎周皮中含有一种抑制剂,可抑制淀粉酶活性和氧化磷酸化过程。块茎中还含有脱落酸,除抑制淀粉酶活性外,还抑制蛋白酶和核糖核酸酶的活性,使芽缺少可溶性糖类和代谢所需的能量,使芽生长锥细胞的分裂、生长受到抑制。随着休眠过程的延续,块茎周皮中含有的一直处于低水平的赤霉素类物质开始活跃,数量增加,赤霉素类可促使淀粉酶、蛋白酶、核糖核酸酶活化,刺激细胞分裂和伸长,促进萌芽,标志着休眠解除。酶抑制剂和赤霉素虽然不是营养物质和能量,但它们却控制着物质和能量代谢的特定酶类的活动。只有特定酶类的活动被激活,块茎才能进入发芽阶段。这些内源激素起到了调控块茎休眠和解除的作用。生产上,人们使用赤霉素打破种薯的休眠进行催芽;加工原料薯和贮藏菜用薯喷洒抑芽剂,都是借助外源激素的力量,改变块茎内源激素的比例进行定向调控;此外,块茎贮藏期的温度也影响休眠期的长短。在2℃~4℃贮藏温度下,块茎的休眠可延长。而在25℃左右,休眠期为2~3个月(一般早熟品种2个月,中熟以上品种3个月)。

## 二、休眠过程的生理生化特性及块茎结构变化

处于休眠期的块茎,其内部生命活动一直在进行,发生着生理生化特性和结构的变化。块茎周皮结构及各芽眼的分生组织在休眠过程中不断变化着。周皮细胞内壁渐渐被木栓质充填加厚,使块茎内部环境改变。块茎呼吸过程产生的二氧化碳由于周皮加厚,大量溶于块茎细胞质中,增加了酸度,使淀粉水解加强,糖分增加,为芽的生长提供物质基础。芽眼的分化组织进行细胞的分裂活动,随着休眠的解除,细胞分裂的速度逐渐加强。同时,顶端边缘的分生组织细胞也分裂增大,形成叶原基。休眠解除时,这些生理活动迅速加快,芽开始伸长、生长,叶原基也增多并扩大,形成明显的芽,从外部看,休眠被解除了,进入了发芽期。在休眠期内,块茎内的酶系统也发生着变化。例如,调控呼吸系统的酶、多酚氧化酶和过氧化酶的活性,在休眠期较强,随着休眠解除过程逐渐下降,而要发芽时又上升。淀粉酶休眠期活性很弱,解除休眠后,淀粉酶的活性猛增。这些酶系统在块茎休眠中对块茎结构和生理生化活动进行着调控。而酶系统又与块茎内外环境条件的变化有密切关系。

# 第四节 马铃薯生长发育与环境条件的关系

## 一、温度

温度对马铃薯各个器官的生长发育有很大的影响,马铃薯性喜冷凉,不耐高温,生育期间以平均气温17℃~21℃为宜。块茎萌发的最低温度为4℃~5℃,但生长极其缓慢;7℃时开始发芽,但速度较慢;芽条生长的最适温度为13℃~18℃,在此温度范围内,芽条生长苗壮,发根早,根量多,根系扩展迅速。催芽的温度应在15℃~20℃。播种时,10cm的土层温度达到7℃时,幼芽即可生长,12℃以上即可顺利出苗,温度超过36℃时,块茎不萌发并造成大量烂种。

茎叶生长的最适宜温度以18℃最适宜,叶生长的最低温度为7℃,在低温条件下叶片数少,但小叶较大而平展。马铃薯抵抗低温的能力较差,当气温降到-1℃时地上部茎叶将受冻害,-3℃时植株开始死亡,-4℃时将全部冻死,块茎亦受冻害。日平均气温超过25℃,茎叶生长缓慢;超过35℃则茎叶停止生长。

总的来说,茎叶生长的最适温度为15℃~21℃,土温在29℃以上时,茎叶即停止生长。

块茎形成的最适温度是17℃~19℃,低温块茎形成较早,如在15℃下,出苗后7天形成块茎,在25℃下,出苗后21天才形成块茎。27℃~32℃高温则引起块茎发生次生生长,形成各种畸形小薯。块茎增长的最适土壤温度是15℃~18℃,20℃时块茎增长速度减缓,25℃时块茎生长趋于停止,30℃左右时,块茎完全停止生长。昼夜温差大,有利于块茎膨大,夜间的低温使植株和块茎的呼吸强度减弱,消耗能量少,有利于将白天植株进行光合作用的产物向块茎中运输和积累。高海拔、高纬度地区的昼夜温差大,马铃薯块茎大、干物质含量高、产量高。夜间温度高达25℃时,则块茎的呼吸强度剧增,大量消耗养分而停止生长。因此,在马铃薯块茎膨大期间,要适时调节土温,满足块茎生长对土壤温度的要求,达到增产的目的。

## 二、光照

马铃薯的生长、形态建成和产量对光照强度及光周期有强烈反应。马铃薯是喜强光作物,如果长期处于光照强度弱或光照不足的情况下,植株生长细弱,叶片薄而色淡,光合效率低。在马铃薯生长期间,光照强度大,日照时间长,叶片光合强度高,则有利于花芽的分化和形成,也有利于植株茎叶等同化器官的建成,因此块茎形成早,块茎产量和淀粉含量均比较高。马铃薯的光饱和点为3~4万勒克司。

光对块茎芽的伸长有明显的抑制作用,度过了休眠期的块茎在无光而有适合的温度情况下,马铃薯会形成白色而较长的芽条,有时可达1m以上;而在散射光下照射,可长成粗壮、呈绿色或紫色的短壮芽,这样的芽播种时(尤其是机械播种时)不易受到损伤,出苗齐而且健壮。

光周期对马铃薯植株生育和块茎形成及增长都有很大影响。每天日照时数超过15小时,茎叶生长繁茂,匍匐茎大量发生,但块茎延迟形成,产量下降;每天日照时数10小时以下,块茎形成早,但茎叶生长不良,产量降低。一般日照时数为11~13小时,植株发育正常,块茎形成早,同化产物向块茎运转快,块茎产量高。早熟品种对日照反应不敏感,在春季和初夏的长日照条件下,对块茎的形成和膨大影响不大,晚熟品种则必须在12小时以下的短日照条件下才能形成块茎。

日照长度、光照强度和温度三者有互作效应。高温促进茎伸长,不利于叶片和块茎的发育,特别是在弱光下更显著,但高温的不利影响短日照可以抵消,能使茎矮壮,叶片肥大,块茎形成早。因此高温、短日照下块茎的产量往往比高温、长日照下高。高温、弱光和长日照条件,则使茎叶徒长,匍匐茎伸长,甚至窜出地面形成地上枝条,块茎几乎不能形成。

因此马铃薯各个生长时期对产量形成最为有利的情况是,幼苗期短日照、强光照和适当高温,有利于促根、壮苗和提早结薯;块茎形成期长日照、强光照和适当高温,有利于建立强大的同化系统,形成繁茂的茎叶;块茎增长期及淀粉积累期短日照、强光照、适当低温和较大的昼夜温差,有利于同化产物向块茎运转,促进块茎增长和淀粉积累,从而达到高产优质的目的。

### 三、水分

马铃薯植株鲜重约有90%由水组成,其中约有1%~2%用于光合作用。马铃薯蒸腾系数为400~600,是需水较多的作物,生长季节有400~500mm的年降雨量且均匀分布,即可满足马铃薯对水分的需求。整个生育期间,土壤田间持水量以60%~80%为最适宜。

马铃薯不同生育时期对水分的要求不同。芽条生长期,种薯萌发和芽条生长靠种薯自身贮备的水分便能满足正常萌芽生长需要。但是,只有当芽条上发生根系并从土壤中吸收水分后才能正常出苗。如果播种后土壤干旱,种薯不但不能出苗,而且块茎中的水分易被土壤吸收,严重时,薯块干瘪,甚至腐烂。如果土壤水分过多时,土壤通气性差,缺乏足够的氧气,也不利于根系的发育进而影响出苗,此时如果土壤温度过低,也易发生烂薯的现象。所以,该期要求土壤保持湿润状态,土壤含水量至少应保持在田间最大持水量的40%~50%左右。

苗期由于植株小,需水量不大,约占一生总需水量的10%~15%,土壤水分应保持在田间最大持水量的50%~60%左右为宜。当土壤水分低于田间最大持水量的40%时,茎叶生长不良。

块茎形成期,茎叶开始旺盛生长,需水量显著增加,约占全生育期总需水量的30%左右,为促进茎叶的迅速生长,建立强大的同化系统,前期应保持田间最大持水量的70%~80%;后期使土壤水分降至田间最大持水量的60%左右,适当控制茎叶生长,以利于植株顺利进入块茎增长期。

块茎增长期,块茎的生长从以细胞分裂为主转向细胞体积增大为主,块茎迅速膨大,茎叶和块茎的生长都达到一生的高峰,需水量最大,亦是马铃薯需水临界期。这时除要求土壤疏松透气,以减少块茎生长的阻力外,保持充足和均匀的土壤水分供给十分重要。对土壤缺水最敏感的时期是结薯前期,早熟品种在初花、盛花及终花阶段;晚熟品种在盛花、终花及花后一周内,如果这三个阶段土壤干旱,田间最大持水量在30%时再浇水,则分别减产50%、35%和31%。所以,该期土壤水分应保持在田间最大持水量的80%~85%。

淀粉积累期需水量减少,占全生育期总需水量的10%左右,保持田间最大持水量的60%~65%即可。后期水分过多,易造成烂薯和降低耐贮性,影响产量和品质。

马铃薯各个生长时期遇到土壤供水不均并伴随着温度骤然变化,如在低温条件下干旱与降雨短时间交替;干旱与降雨和高温及其后的冷凉交替;在高温条件下干旱与降雨交替;都会引起块茎畸形生长,从而影响块茎的商品品质。

### 四、土壤

马铃薯对土壤要求不是十分严格,马铃薯要求微酸性土壤,以pH5.5~6.5为最适宜。但在北方的微碱性土壤上亦能生长良好,一般pH 5~8的范围内均能良好生长。马铃薯耐盐能力较差,当土壤含盐量达到0.01%时,植株表现敏感,块茎产量随土壤中氯离子含量的增高而降低。

要获得高产,以土壤肥沃、土层深厚、结构疏松,排水通气良好和富含有机质的砂壤土或壤土最为适宜。有这样结构的土壤,保水保肥性好,有利于马铃薯的根系发育和块茎的膨大。在这样的土壤上种植马铃薯,出苗快、块茎形成早、薯块整齐、薯皮光滑、薯肉无异色,产量和淀粉含量均高。由于土层深厚,土壤疏松,雨水多时可及时下渗或排除,利于马铃薯块茎的收获,减少块茎的腐烂率。

### 五、营养

1.氮素。作物产量来源于光合作用,施用氮素能促进植株生长,增大叶面积,从而提高叶绿素含量,增强光合作用强度,提高马铃薯产量。氮素过多,则茎叶徒长,熟期延长,只长秧苗不结薯;氮素缺乏,植株矮小,叶面积减少,严重影响产量。

2.磷素。磷可加强块茎中干物质和淀粉积累,提高块茎中淀粉含量和耐贮性。增施磷肥,可增强氮的增产效应,促进根系生长,提高抗寒抗旱能力。磷素缺乏,则植株矮小,叶面发皱,碳素同化作用降低,淀粉积累减少。

3.钾素。钾可加强植株体内的代谢过程,增强光合作用强度,延缓叶片衰老。增施钾肥,可促进植株体内蛋白质、淀粉、纤维素及糖类的合成,使茎秆增粗、抗倒,并能增强植株抗寒性。缺钾植株节间缩短,叶面积缩小,叶片失绿、枯死。

4.微量元素。锰、硼、锌、钼等微量元素具有加速马铃薯植株发育、延迟病害出现、改进块茎品质和提高耐贮性的作用。

★复习思考题★

1.马铃薯的茎包括哪些部分?
2.马铃薯全生育过程划分为哪几个时期?
3.马铃薯休眠的原因是什么?
4.温度对马铃薯各个器官的生长发育有什么影响?
5.光照对马铃薯生长发育有什么影响?
6.马铃薯的需水临界期是什么时期?

# 第三章  马铃薯的产量形成与品质

● 学习任务指导 ●

1. 重点掌握马铃薯产量形成的时间。
2. 了解和掌握马铃薯淀粉与干物质的积累分配。
3. 不同用途的马铃薯对品质的要求。

## 第一节  马铃薯的产量形成

### 一、马铃薯的产量形成特点

1. 产品器官是无性器官

马铃薯的产品器官是块茎,是无性器官,因此在马铃薯生长过程中。对外界条件的需求,前、后期较一致,人为控制环境条件较容易,较易获得稳产高产。

2. 产量形成时间长

马铃薯出苗后7~10天匍匐茎伸长,再经10~15天顶端开始膨大形成块茎,直到成熟,经历60~100天的时间。产量形成时间长,因而产量高而稳定。

3. 马铃薯库容潜力大

马铃薯的可塑性大,一是因为茎具有无限生长的特点,块茎是茎的变态茎仍具有这一特点;二是因为块茎在整个膨大过程中不断进行细胞分裂和增大,同时块茎的周皮细胞也作相应的分裂增殖,这就在理论上提供了块茎具备无限膨大的生理基础。马铃薯的单株结薯层数可因种薯处理、播深、培土等不同而变化,从而使单株结薯数发生变化。马铃薯对外界环境条件反应敏感,受到土壤、肥料、水分、温度或田间管理等方面的影响大。

4.经济系数高

马铃薯地上茎叶通过光合作用所同化的碳水化合物,能够在生育早期就直接输送到块茎这一贮藏器官中去,其"代谢源"与"贮藏库"之间的关系,不像谷类作物那样要经过生殖器官分化、开花、授粉、受精、结实等一系列复杂的过程,这就在形成产品的过程中,可以节约大量的能量。同时,马铃薯块茎干物质的83%左右是碳水化合物。因此,马铃薯的经济系数高,丰产性强。

### 二、马铃薯的淀粉积累与分配

1.马铃薯块茎淀粉积累规律

块茎淀粉含量的高低是马铃薯食用和工业利用价值的重要依据。一般栽培品种,块茎淀粉含量为12%~20%,占块茎干物质的72%~80%,由72%~82%的支链淀粉和18%~28%的直链淀粉组成。

块茎淀粉含量自块茎形成之日起就逐渐增加,直到茎叶全部枯死之前达到最大值。单株淀粉积累速度在块茎形成期缓慢,块茎增长至淀粉积累期逐渐加快,淀粉积累期呈直线增加,平均每株每日增加2.5~3g。各时期块茎淀粉含量始终高于叶片和茎秆淀粉含量,并与块茎增长期前叶片淀粉含量、全生育期茎秆淀粉含量呈正相关,即块茎淀粉含量决定于叶子制造有机物的能力,更决定于茎秆的运输能力和块茎的储积能力。

全生育期块茎淀粉粒直径呈上升趋势,且与块茎淀粉含量呈显著或极显著正相关。

块茎淀粉含量因品种特性、气候条件、土壤类型及栽培条件而异。晚熟品种淀粉含量高于早熟品种,长日照条件和降雨量少时,块茎淀粉含量提高。壤土上栽培较黏土上栽培的淀粉含量高。氮肥多则块茎淀粉含量低,但可提高块茎产量。钾肥多能促进叶子中的淀粉形成,并促进淀粉从叶片流向块茎。

2.干物质积累分配与淀粉积累

马铃薯一生全株干物质积累呈"S"形曲线变化。出苗至块茎形成期干物质积累量小,且主要用于叶部自身建设和维持代谢活动,这一时期干物质积累量占干物质总量的54%以上。块茎形成期至淀粉积累期干物质积累量大,并随着块茎形成和增长,干物质分配中心转向块茎,干物质积累量占干物质总量的55%以上。淀粉积累后期至成熟期,由于部分叶片死亡脱落,单株干重略有下降,而且原来贮存在茎叶中的干物质有20%以上也转移到块茎中去,到成熟期,块茎干物质重量占干物质总量的75%~82%。干物质积累量在各器官分配，前期以茎叶为主，后期以块茎为主，全株干物质积累总量大，产量和淀粉含量高。

# 第二节　马铃薯的品质

马铃薯按用途可分为食用型、食品加工型、淀粉加工型、种用型几类。不同用途的马铃薯其品质要求也不同。

## 一、食用马铃薯

鲜薯食用的块茎，要求薯形整齐、表皮光滑、芽眼少而浅、块茎大小适中、无变绿；出口鲜薯要求黄皮黄肉或红皮黄肉，薯形长圆或椭圆形，食味品质好、不麻口，蛋白质含量高，淀粉含量适中等。块茎食用品质的高低通常用食用价来表示。食用价=蛋白质含量/淀粉含量×100，食用价高的，营养价值也高。

## 二、食品加工用马铃薯

目前我国马铃薯加工食品有炸薯条、炸薯片、脱水制品等，但最主要的加工产品仍为炸薯条和炸薯片。二者对块茎的品质要求有：

1. 块茎外观

表皮薄而光滑，芽眼少而浅，皮色为乳黄色或黄棕色，薯形整齐。炸薯片要求块茎圆球形，大小40~60 cm为宜。炸薯条要求薯形长而厚，薯块大而宽肩者（两头平），大小在50cm以上或200g以上。

2. 块茎内部结构

薯肉为白色或乳白色，炸薯条也可用淡黄色或黄色的块茎。块茎髓部长而窄，无空心、黑心等。

3. 干物质含量

干物质含量高可降低炸片和炸条的含油量，缩短油炸时间，减少耗油量，同时可提高产品产量和质量。一般油炸食品要求22%~25%的干物质。干物质含量过高，生产出来的食品比较硬（薯片要求酥脆，薯条要求外酥内软），质量变差。由于比重与干物质含量有绝对的相关关系，故在实际当中，一般用测定比重来间接测定干物质含量。炸片要求比重高于1.080，炸条要求比重高于

1.085。

#### 4.还原糖含量

还原糖含量的高低是油炸食品加工中对块茎品质要求最为严格的指标。还原糖含量高,在加工过程中,还原糖和氨基酸进行所谓的"美拉反应"使薯片、薯条表面颜色加深为不受消费者欢迎的棕褐色,并使成品变味,质量严重下降。理想的还原糖含量约为鲜重的0.01%,上限不超过0.3%(炸片)或0.5%(炸薯条)。块茎还原糖含量的高低与品种、收获时的成熟度、贮存温度和时间等有关。尤其是低温贮藏会明显升高块茎还原糖含量。

### 三、淀粉加工马铃薯

淀粉含量的高低是淀粉加工时首要考虑的品质指标。因为淀粉含量每相差1%,生产同样多的淀粉,其原料相差6%。作为淀粉加工用品种其淀粉含量应在16%或以上。块茎大小以50~100g为宜,大块茎(100~150g以上者)和小块茎(50g以下者)淀粉含量均较低。为了提高淀粉的白度,应选用皮肉色浅的品种。

### 四、种用块茎的质量要求

#### 1.种薯健康

种薯要不含有块茎传播的各种病毒病和真细菌病害,纯度要高。

#### 2.种薯小型化

块茎大小以25~50g为宜,小块茎即可保持块茎无病和较强的生活力,又可以实行整播,还可以减轻运输压力和费用,节省用种量,降低生产成本。

★复习思考题★

1.马铃薯收获的是哪个部位?
2.马铃薯产量形成的时间一般是多少天?
3.马铃薯产量形成有哪些特点?
4.马铃薯块茎淀粉含量一般是多少?支链淀粉和直链淀粉分别占多少?
5.食品加工用马铃薯对品质的要求有哪些?

模块四：马铃薯栽培技术

# 第四章 旱作区马铃薯品种介绍

● 学习任务指导 ●

1. 重点掌握马铃薯品种的选用依据。
2. 掌握陇薯3号、庄薯3号和天薯11号等品种的特征特性和适宜种植区域。

## 第一节 品种的选择原则

优良品种选用首先要以当地无霜期长短、栽培方式、栽培目的为依据。北方一作区应选用能充分利用生长季节的中、晚熟品种；为了早熟上市，或在二季作地区种植，应选早熟或极早熟品种；作淀粉加工原料的应选择高淀粉品种；作炸薯条或薯片的应选择薯形整齐、芽眼少而浅、白肉、还原糖含量低的食品加工专用型品种。其次应根据当地生产水平选用耐旱、耐瘠或喜水肥、抗倒伏的品种。第三应根据当地主要病害发生情况选用抗病性强、稳产性好的品种。上述各类品种在生产中均应选用优质脱毒种薯。

## 第二节 品种介绍

表4-1 旱作区马铃薯主要品种介绍

| 用途 | | 品种 | 熟性 | 适宜区域 |
|---|---|---|---|---|
| 食用型马铃薯 | | 陇薯7号 | 晚熟 | 适宜在甘肃高寒阴湿、二阴地区及半干旱地区种植。 |
| | | 青薯9号 | 晚熟 | 适宜甘肃半干旱及二阴地区种植。 |
| | | 青薯168 | 晚熟 | 适宜甘肃半干旱及二阴地区种植。 |
| | | 新大坪 | 中熟 | 适宜于定西市安定区种植。 |
| | | 费乌瑞它 | 早熟 | 甘肃陇南白龙江沿岸、中部沿黄灌区和河西灌区。 |
| | | 爱兰1号 | 中早熟 | 适宜在甘肃定西及同类生态区种植。 |
| | | 天薯11号 | 晚熟 | 适宜在甘肃海拔1500~2200米的半干旱山区、二阴山区及高寒阴湿地区种植。 |
| 食用加工型马铃薯 | 薯条、全粉 | 夏波蒂 | 中熟 | 适宜甘肃灌溉区种植。 |
| | | 布尔班克 | 晚熟 | 适宜甘肃灌溉区种植。 |
| | | 抗疫白 | 中熟 | 适宜甘肃灌溉区种植。 |
| | 薯片 | 大西洋 | 中早熟 | 甘肃沿黄灌区与河西灌区高肥水栽培。 |
| | | 克新1号 | 中早熟 | 甘肃大部分区域均可种植。 |
| | | 甘引1号 | 晚熟 | 甘肃沿黄灌区与河西灌区高肥水栽培。 |
| 淀粉加工型 | | 陇薯3号 | 晚熟 | 适宜在甘肃高寒阴湿、二阴地区及半干旱地区种植。 |
| | | 庄薯3号 | 晚熟 | 适宜甘肃平凉庆阳等地种植。 |
| | | 定薯1号 | 晚熟 | 适宜在甘肃定西、天水、临夏、陇南、白银等地种植。 |
| | | 临薯17号 | 晚熟 | 适宜甘肃高寒阴湿、干旱、半干旱及二阴地区种植。 |
| | | 天薯10号 | 晚熟 | 适宜在甘肃天水、定西、陇南、平凉种植。 |
| | | 腾薯1号 | 晚熟 | 适宜甘肃干旱及半干旱地区种植。 |
| | | 腾薯2号 | 晚熟 | 适宜甘肃高寒阴湿区、二阴区及半干旱地区推广种植。 |

★复习思考题★

1. 马铃薯优良品种的选用依据是什么？
2. 陇薯7号的熟性、用途、适宜区域是什么？
3. 大西洋的熟性、用途、适宜区域是什么？
4. 庄薯3号的熟性、用途、适宜区域是什么？
5. 陇薯3号的熟性、用途、适宜区域是什么？

模块四：马铃薯栽培技术

# 第五章 旱作区马铃薯栽培技术

● 学习任务指导 ●

1. 重点理解和掌握旱作区马铃薯黑色地膜全覆盖垄作侧播栽培技术。
2. 重点理解和掌握旱作区马铃薯黑色地膜覆盖垄上微沟集雨增墒栽培技术。

## 第一节 旱作区马铃薯黑色地膜全覆盖垄作侧播栽培技术

### 一、选地整地

(一)选地

马铃薯是不耐连作的作物,生产上一定要避免连作,种植马铃薯的地块一般要选择三年内没有种过马铃薯和其他茄科作物的地块。建议种植马铃薯的地块选择玉米、小麦、大麦等作物的前茬作物。

马铃薯块茎膨大需要疏松肥沃的土壤。因此,种植马铃薯的地块要选择

图4-10 选地　　　　图4-11 整地

地势平坦、耕层深厚、肥力中上、土壤理化性状良好、保水保肥能力强、坡度在15度以下。切忌选择陡坡地、石砾地、重盐碱等瘠薄地。

(二)整地

在前茬作物收获后,应深耕30cm,并深浅一致,深耕细耙,达到深、松、平、净、无明暗坷垃,干净无杂物,在播前应浅耕耙糖,使土层绵软疏松,为起垄覆膜创造良好的土壤条件。

## 二、施肥

(一)马铃薯不同生长时期对养分的需求特点

马铃薯整个生育期间,因生育阶段不同,其所需营养物质的种类和数量也不同。幼苗期吸肥量很少,发棵期吸肥量迅速增加,到结薯初期达到最高峰,而后吸肥量急剧下降。各生育期吸收氮(N)、磷($P_2O_5$)、钾($K_2O$)三要素,按占总吸肥量的百分数计算,发芽到出苗期分别为6%、8%和9%,发棵期分别为38%、34%和36%,结薯期为56%、58%和55%。三要素中马铃薯对钾的吸收量最多,其次是氮,磷最少。试验表明,每生产1000kg块茎,需吸收氮(N)5~6kg、磷($P_2O_5$)1~3kg、钾($K_2O$)12~13kg,氮、磷、钾比例为2.5:1:5.3。马铃薯对氮、磷、钾肥的需求量随茎叶和块茎的不断增长而增加。在块茎形成盛期需肥量约占总需肥量的60%,生长初期与末期约各占总需肥量的20%。

(二)施肥方法

1.基肥

包括有机肥与氮、磷、钾肥。马铃薯吸取养分有80%靠底肥供应,有机肥含有多种养分元素及刺激植株生长的其他有益物质,可于秋冬耕时结合耕地施入以达到肥土混合,如冬前未施,也可春施,但要早施。磷、钾肥要开沟条施或与有机肥混合施用,氮肥可于播种前施入。一般每亩施尿素30~40kg,硫酸钾20kg。

2.追肥

由于早春温度较低,幼苗生长慢,土壤中养分转化慢,养分供应不足。为促进幼苗迅速生长,促根壮棵为结薯打好基础,强调早追肥,尤其是对于基肥不足或苗弱小的地块,应尽早追施部分氮肥,以促进植株营养体生长,为新器官的发生分化和生长提供丰富的有机营养。苗期追施以每亩施尿素6.5~10.8kg为宜,应早追施。发棵期,茎开始急剧拔高,主茎及主茎叶全部建成,分枝及分枝叶扩展,根系扩大,块茎逐渐膨大,生长中心转向块茎的生长,此期追肥要视情况而定,采取促控结合协调进行。为控制茎叶徒长,防止养分大量消耗在营养器官,适时进入结薯期以提高马铃薯产量,发棵期原则上不追施氮肥,如需施肥,发棵早期或结薯初期结合施入磷钾肥追施部分氮肥。此外,为补充养分不足,以后可叶面喷施0.25%的尿素溶液或0.1%的磷酸二氢钾溶液。

早熟品种生长时间短,茎叶枯死早,所以供给氮肥的数量应适当增加,以免叶片和整个植株过早衰老。晚熟品种茎叶生长时间长,容易徒长,所以应适当增施磷、钾肥,以促进块茎的形成膨大。

(三)注意事项

马铃薯是喜钾作物,在施肥中要特别重视钾肥的施用。同时,马铃薯是忌氯作物,施肥中不宜施用过多的含氯肥料,如氯化钾。应该选用硫酸钾,否则会影响马铃薯的品质。

## 三、起垄覆膜

可选宽幅120cm、厚度0.01mm的黑色地膜。一般垄中距应为120cm,垄底宽80cm,垄沟宽40cm,垄高25cm。

图4-12 人畜力起垄　　图4-13 脱毒种薯

## 四、品种选择

高寒阴湿区及二阴区以庄薯3号、陇薯6号、陇薯7号、青薯9号、天薯11为主;干旱半干旱区以庄薯3号、陇薯5号、陇薯6号、中薯5号、中薯8号、新大坪、青薯9号、青薯168、冀张薯8号为主;陇南温润及早熟栽培区以天薯10号、天薯11号、LK99、费乌瑞它、克新1号、克新2号为主。种薯选用抗病、丰产性强的脱毒原种、一级种或二级种,尽量选用一级种和一级种以上级别脱毒种薯。

### 五、种薯处理

**(一)催芽**

种薯出窖后,进行严格的选种,剔除病、虫、烂薯,播前10~15天晒种催芽,在催芽过程中要淘汰病、烂薯。

**(二)种薯切块**

播前1~2天将种薯切成25~50g大小的薯块,机械播种可切大一些,每块重35~45g,人工播种可切小一些,每块重30~35g。每个薯块需带1~2个芽眼。切薯前用0.1%的高锰酸钾溶液或5%的来苏水或70%~75%酒精对刀具进行消毒。切薯过程中,淘汰病、烂薯。薯块切好后,用旱地宝100g兑水5kg浸种20min,放在阴凉处晾干后即可播种。

**(三)药剂处理**

100kg薯块用25%甲霜灵100g加少量水浸沾或喷洒,可杀死种薯内部分细菌,并可推迟晚疫病的发生期,或用草木灰拌种。

图4-14 切 块　　　　　图4-15 药剂处理

### 六、播种

**(一)播种期**

10cm土层温度稳定通过8℃时开始播种较适宜;种植者应随时测量地温确定最适合的播种期,在气温低的情况下适当推迟播种。一般在4月中下旬。地膜种植可以比露地种植适当提前3~5天。

**(二)播种方法**

先用点播器打开第一个播种孔,将土提出,孔内点籽,打第二个孔后,将第二个孔的土提出放在第一个孔口,撑开手柄或用铲子轻轻一磕,覆盖住第一个孔口,以此类推,这样播种,对地膜的破损较少,膜面干净没有浮土,且播种深

模块四：马铃薯栽培技术

图4-16 播种器　　图4-17 人工播种器　　图4-18 机械播种

度一致,出苗整齐均匀,提高工效,土壤墒情较好时可适当浅播,墒情较差时适当深播。有条件的地方可用机械一次性完成起垄、覆膜和播种。

## 七、合理密植

旱地依据土壤肥力状况、降雨条件和品种特性确定种植密度。

年降雨量300~350mm的地区以每亩3000~3500株为宜,株距为40~35cm;年降雨量350~450mm的地区以3500~4000株/亩为宜,株距为35~30cm;年降雨量450mm以上地区以4000~4500株/亩为宜,株距为30~27cm;灌溉地以5000~5500株/亩为宜,株距为22~27cm。

## 八、田间管理

### (一)苗期

苗期要注意观察,如幼苗与播种孔错位,应及时放苗,以防烧苗,播种后遇降雨,在播种孔上易形成板结,应及时将板结破开,以利出苗;出苗后应及时查苗、补苗并拔出病苗。

### (二)中期

封垄前,根据长势每亩施尿素10kg或碳酸氢铵30kg。追肥要视墒情而定,干旱时少追或不追,墒情好、雨水充足时适量加大。同时根据地下害虫发生情况,结合施肥拌入15%阿维菌素·毒死蜱微乳剂1kg进行防治。

现蕾期要及时摘除花蕾,节约养分,供块茎膨大。马铃薯对硼、锌微量元素比较敏感,在开花和结薯期,每亩用0.1%~0.3%的硼砂或硫酸锌、0.5%的磷酸二氢钾、尿素水溶液进行叶面

图4-19　叶面喷施肥料

喷施,一般每隔7天喷一次,共喷2~3次,亩用溶液50~70kg。

(三)后期

结薯期如气温较高,马铃薯长势较弱,不能封垄时,可在地膜上盖土,降低垄内地温,为块茎膨大创造冷凉的土壤环境,以利块茎膨大。

## 九、病虫害防治

幼苗期至现蕾期如发现中心病株即人工拔除焚烧或深埋,并用0.3%的高锰酸钾或2%的硫酸亚铁或500倍的多菌灵溶液进行浇灌或喷雾处理苗穴;同时预防块茎蛾、马铃薯蚜虫、马铃薯瓢虫等虫害。现蕾后重点防治早疫病、晚疫病、蚜虫等,每7~15天喷药一次,农药应交替使用,农药种类和使用见说明书(建议农药有世高、克露、甲霜灵锰锌、科佳、福帅得、银法利、疫快净等)。

图4-20　机械喷洒农药　　　图4-21　人工喷洒农药

## 十、收获及贮藏

(一)收获

茎叶枯黄块茎成熟时就要及时收获,收获前一周左右割掉地上部茎叶并运出田间,以减少块茎染病和达到晒地的目的。收获后块茎要进行晾晒、"发汗",严格剔除病烂薯和伤薯。

(二)贮藏

贮藏窖使用前要进行消毒,将贮藏窖打扫干净,用生石灰、5%来苏水喷洒消毒。块茎入窖应该轻拿轻放,防止大量碰伤。窖内贮量不得超过窖容量的2/3,窖贮相对湿度80%~90%,而最适温度淀粉加工原料薯为3℃~4℃,油炸食品加工原料薯为8℃~15℃并结合利用抑芽剂。贮藏期间要勤检查,要防冻,更要防止出芽、热窖或烂窖。

图4-22 机械收获　　图4-23 人工收获

图4-24 马铃薯贮藏窖

# 第二节　马铃薯黑色地膜覆盖垄上微沟集雨增墒栽培技术

## 一、选地整地

选择地势平坦、土层深厚、土质疏松、肥力中上等、坡度在15度以下的地块,前茬以麦类、豆类为好。

前茬作物收获后及时深耕灭茬,用敌百虫粉剂(每亩用1%敌百虫粉剂3~4kg,加细土10kg掺匀),或用辛硫磷拌制毒土(每亩用40%辛硫磷乳油500g加细沙土30kg拌匀,辛硫磷、甲基乙硫磷等药剂(一般药剂10ml拌沙土10kg配制成毒沙土),撒施深耕,耕深达到25cm以上,防治地老虎等地下害虫。熟化土壤,封冻前耙糖镇压保墒,做到地面平整,土壤细、绵、无坷垃,无前作根茬。若前茬为全膜种植地块,则选择不整地留膜、春揭、春用。

图4-25 整 地

## 二、种薯选择处理

(一)种薯选择

选用产量高、品质好、结薯集中、薯块大而整齐、中晚熟品种的脱毒种薯。选择长势强,单株生产能力高,丰产稳产性好,抗旱抗病,耐低温抗早霜,综合农艺性状优良,结薯集中,商品率较高,商品性好,市场价位高的青薯9号等品种。

(二)种薯处理

提倡小整薯播种,若切块先要切脐检查,淘汰病薯,淘汰尾芽,将种薯切成25~50g大小的薯块,每块需带1~2个芽眼;切块使用的刀具用75%的酒精或0.1%的高锰酸钾对切刀消毒;切块后用稀土旱地宝100ml兑水5kg浸种,浸泡20min后捞出放在阴凉处晾干待播。

## 三、合理施肥

随着地力等级的升高施肥量逐渐降低,每亩施尿素12~34kg、普通过磷酸钙23~76kg、硫酸钾9~45kg为宜。而地膜栽培长势更强,合理配肥产值效益最大,以施尿素32~43kg、普通过磷酸钙62~63kg、硫酸钾17kg。

结合秋深耕或播前整地将肥料及优质农家肥料混撒开沟条施;也可按肥料配比随起垄覆膜一次集中深施膜下。施肥时避免肥料与种薯直接接触,磷肥播前深施或秋施。

图4-26 拌 种

## 四、起垄覆膜

起垄覆膜可采用人畜力及一体机起垄,起垄时可先用划行器沿等高线划线后再进行起垄,人畜力起垄时用划行器边划行边起垄,按幅宽120cm,垄宽75cm,垄沟宽45cm,高15cm,垄脊微沟10cm起垄,用120cm的黑色的膜覆盖垄面垄沟,垄土力求散碎、忌泥条、大块,起垄后使用整垄器进行整垄,使垄面平整、紧实、无坷垃,垄面呈"M"型。

覆膜要达到平、紧,两边用土压严压实,同时每隔2~3m横压土腰带,以防被风掀起和拦截垄沟内降水径流。覆膜一周后要在垄沟内打渗水孔(或机械一次性打孔),孔距为50cm,以便降水入渗。

图4-27 人工起垄覆膜　　图4-28 覆完地膜后的场景

## 五、种植密度

半干旱地区地膜马铃薯随着种植密度的增加马铃薯单株生产能力逐渐降低,密度每增1000株单株结薯数减少1.5个、商品薯数减少1个、鲜薯重降低233g、商品薯重降低201g。

生产追求的目标不同,密度配置要求不同,生产上密度配置要依生产目的而定,以商品生产为目的追求高商品薯产量及产值时,播种密度以3420~3482株为宜,即穴距为32~33cm;以繁种为目的追求高鲜薯产量及结薯数量时,播种密度保证在3600株以上,即穴距为32cm以下。

## 六、适期播种

不同播期影响马铃薯产量及性状,随着播种时期的推迟,单株结薯重、单株商品薯数、单株商品薯重、商品率等性状先增后降。适期播种才能提高马铃薯单株生产能力与单位面积产量产值,晚熟马铃薯品种在半干旱地区,地膜覆盖种植播期为4月22日与4月28日。

具体操作：垄脊上用打孔器破膜点播，打开第一个播种孔，将土提出，孔内点籽，打第二个孔后，将第二个孔的土提出放在第一个孔口，撑开手柄或用铲子轻轻一磕，覆盖住第一个孔口，以此类推。每垄播种2行，按照品字形播种，播深15cm左右。

图4-29 人工播种

## 七、田间管理

覆膜后抓好防护管理工作，严防牲畜入地践踏、防止大风造成揭膜。一旦发现地膜破损，及时用细土盖严；苗期应及时查苗放苗，出苗期要随时查看，发现缺苗断垄要及时补苗，力求全苗，放苗后将膜孔用土封严；中后期以追肥为主，在现蕾期叶面喷施硼、锌微量元素、磷酸二氢钾或尿素。

图4-30 注灌沼渣沼液

用0.1%~0.3%的硼砂或硫酸锌，或0.5%的磷酸二氢钾，或0.5%尿素水溶液进行叶面喷施，一般每隔7天喷一次，共喷2~3次，每亩用溶液50~70kg。也可在马铃薯现蕾期、块茎膨大期等关键期注灌沼液补充肥力，注灌浓度以稀释至67%即可。

## 八、病虫害防治

病害以早、晚疫病防控为主，田间一旦发现早、晚疫病病株，立即拔除并进行药剂防治，用58%甲霜灵锰锌可湿性粉剂500倍液、64%杀毒矾可湿性粉剂500倍液或75%百菌清可湿性粉剂600倍液，任选两种药剂交替均匀喷雾，隔7~10天防治1次，连续防治2~3次。

图4-31 病虫害防治

病毒病于发病喷洒1.5%植病灵乳剂1000倍液或20%病毒A可湿性粉剂500倍液,两种农药交替使用。

虫害以蚜虫为主,用10%吡虫啉可湿性粉剂3000倍液、2.5%溴氰菊酯乳油2500倍液,两者交替均匀喷雾喷防效果较好。

图4-32 机械收获

### 九、收获及贮藏

当地上部茎叶基本变黄枯萎,匍匐茎开始干缩时即在收获期前15天杀秧,便于机械收获,也便于块茎脱离匍匐茎、加速块茎成熟、薯皮老化。

在马铃薯的收获、拉运、贮藏过程中,应注意轻放轻倒,以免碰伤薯块,收后除去病薯、擦破种皮的伤薯和畸形薯,阴凉通风处堆放,使块茎散热、去湿、损伤愈合、表皮增厚,收获后及时清除田间废膜,以防造成污染;当夜间气温降至零度以下时入窖贮藏,入窖贮藏的适宜温度是3℃~5℃,相对湿度为80%~85%。

图4-33 马铃薯贮藏温湿度监测

★知识链接★

**旱地秸秆带状覆盖马铃薯种植技术**

技术特点:是一种利用玉米整杆进行局部覆盖、抗旱保墒的作物种植新技术,即"种的地方不覆,覆的地方不种",由此分为秸秆覆盖带和种植带,播种带宽度不超过两带总宽度的50%,两带相间排列。

适用范围:适用于年降水250~550mm、一年一熟的广大旱作区马铃薯种植。

★复习思考题★

1. 如何确定栽植品种?
2. 马铃薯种前如何处理种薯?
3. 马铃薯对土壤及整地有哪些要求?

4. 马铃薯种薯如何切块?
5. 马铃薯对肥料的要求有哪些?
6. 如何确定马铃薯的收获期?
7. 马铃薯栽培为什么要进行地膜覆盖?

# 第六章　旱作区马铃薯主要病虫草害及其防治

● 学习任务指导 ●

1. 重点掌握马铃薯早疫病、晚疫病、干腐病的发病症状与防治方法。
2. 重点掌握马铃薯块茎蛾、马铃薯二十八星瓢虫的发病症状与防治方法。
3. 掌握马铃薯田间杂草的分类以及常见除草剂的使用方法。

## 第一节　病害及防治

### 一、晚疫病

晚疫病是马铃薯的一种暴发性毁灭性病害,全国马铃薯产区都有发生。在高湿、多雨、冷凉的条件下病害迅速扩散蔓延,7~10天之内可使植株地上部分全部枯死,田间一片焦枯,造成减产10%~50%不等。大流行年份可造成块茎大量带菌,窖藏期间引起烂窖,减产在5%~35%。

（一）症状

主要侵染叶片、茎和薯块。被侵染的叶片最初在叶尖、叶缘或叶片凹陷处产生暗绿色小病斑；在潮湿条件下,病斑迅速扩大,呈水渍状不规则暗绿色,病斑周围病健组织交界处有黄色晕圈,边缘可见到由菌丝体形成的白色霜霉层,叶片背面多于正面。病害发生严重时,病斑扩展到主脉、叶柄和茎部,茎叶黑褐色,叶片枯死下垂,茎秆倒伏。在高温干旱条件下,病斑停止扩大,并形成坏死区域症状表现不明显,鉴定时将病叶采回,经表面消毒后将叶片放入培养皿中，在15℃~18℃条件下保温培养，经4~5天在叶面上若能长出霜状霉层，可初步诊断为晚疫病，经进一步检验即可确定。被侵染薯块表面有褐色小斑点，逐渐扩大，形成稍凹陷的淡褐色至灰紫色的不规则病斑，切开病薯可看到由表向内扩展1cm左右的一层锈褐色坏死斑，与健康组织界限不整齐。病薯在高温多

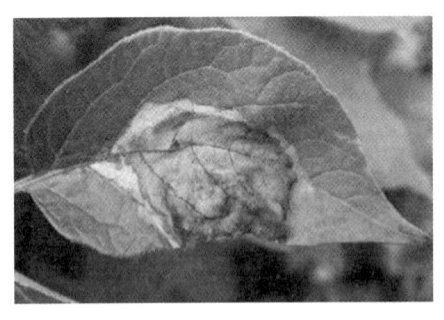

图4-34 病健组织交界处的淡黄色晕圈　　图4-35 叶片背面布满由病原菌形成的霉层

湿条件下，常伴随其它病菌侵染而腐烂。薯块在田间发病，严重的在收获期开始腐烂，也可以在田间被侵染而入窖后大批腐烂。

(二) 发病规律

病菌主要以菌丝体在病薯中越冬。由于部分带病种薯(>1%)并不表现任何感病的症状，所以即使严格挑选也无法保证所有种薯不带病。播种带病薯块，一部分导致不发芽或发芽后在出土前死亡，感病轻的种块其病原菌能够侵染到幼芽上，幼芽出土后形成中心病株。早期是从病株下部叶片开始发病，多从叶尖或叶缘开始，初为水浸状褪绿斑，周围具浅绿晕圈，湿度大时病斑迅速扩展成黄褐至暗褐色大病斑，并扩大至叶的大部或全叶，界限不明显，常在病健交界处产生一圈稀疏白霉，即病菌孢囊梗和孢子囊，雨后或清晨尤为明显，发病严重时，叶片背面布满霉层。早期的茎部侵染过程受温度影响较大，病斑的发展速度通常比叶部侵染的发展速度要慢得多。茎部感染在相当长的时间内都具有产生孢子囊的能力，在潮湿的环境下茎部病斑产生孢子囊借风雨传播进行再侵染，在中温(13℃~20℃)高湿(77%以上)条件下，病害由点到面，迅速扩展蔓延。在马铃薯生长后期除了叶部感染以外，茎部的感染通常也很严重，常导致病害大面积流行。叶片和茎秆上病斑产生的孢子囊还可随雨水或灌溉水渗入土中侵染薯块形成病薯，成为翌年初侵染源。相关的研究表明在马铃薯生长后期的茎部感染比叶部的感染导致的薯块感病更为严重。原因是受侵染后块茎产生的孢子囊很容易被雨水冲刷下来引起地下薯块的感染，可以感染生长于深达10cm处的块茎。块茎也可能在挖薯时，由于接触感病的茎

叶或带病的土壤而受感染。而且茎部侵染在高温下依旧保持活性和侵染能力,在30℃高温条件下叶部侵染不会产生孢子囊,而茎部侵染依然可以产生多达20000个孢子囊。马铃薯晚疫病的发展必须有一定的温度和湿度条件,病菌喜中低温和高湿度条件,相对湿度95%以上,18℃~22℃有利于孢子囊的形成,冷凉(10℃~13℃)保持1~2小时又有水滴存在时,有利于孢子囊萌发产生游动孢子,温暖有水滴存在,利于孢子囊直接产生芽管。侵染后潜育期的长短取决于气温的变化。在感病品种上,最低温(夜间)为7℃及最高温(日间)为15℃时,潜育期为9天,当夜间温度为17℃及日间温度为28℃时,潜育期最短时间为3天,在良好的天气条件下,由一些零星病株经过10~15天能够感染全田。因此,多雨年份、空气潮湿、多雾条件下发病重。种植感病品种,只要出现湿度高于95%持续8小时以上,日均气温17℃左右,叶片上有水滴持续14小时以上,该病即可发生,在干燥天气时,病株干枯,在潮湿天气时则腐败。

(三)防治方法

(1)种植抗病品种。根据本地区的气候条件和地理条件选择适宜的抗病品种。如庄薯3号、陇薯7号等这些品种在晚疫病流行年,受害较轻,各地可因地制宜选用。

(2)严格精选种薯,淘汰病薯。鉴于目前种薯带菌是主要的初侵染来源,因此,除了选用抗病品种外,严格选用无病种薯,对控制晚疫病发生起着重大作用。要在秋收入窖、冬藏查窖、出窖、切块、春化等过程中,每次都要严格剔除病薯,有条件的要建立无病留种地,进行无病留种。

(3)加强栽培管理。①合理施肥,合理密植。重施氮肥可使马铃薯茎叶发生徒长,徒长和密度过大,会造成花期茎叶量过大,田间荫闭,不利于植株间通风透气,尤其是多雨季节,田间湿度上升,促使病害提早发生,并加快在田间的传播速度,导致病害流行。所以,在施肥上要控制氮肥用量,增施磷钾肥,促使马铃薯健壮生长,提高抗病能力,减轻病害。种植密度按不同区域合理安排,一般干旱区种植密度可控制在2000~2200株/亩;半干旱区可控制在3500株/亩以内;二阴区及阴湿区种植密度控制在4500株/亩左右;早熟性好的品种以5000~5500株/亩为宜,在晚疫病重发区,应适当降低种植密度。②深培土,减少病菌侵染薯块的机会。种薯播种时,深度应保证在5cm以上,并分次培土,厚度也应超过10cm,使病菌不易侵染到薯块上,降低块茎带菌率,减少烂薯损失。③收获时精细操作,最大限度减少块茎伤口。

(4)种薯处理。①拌种。播种前7~10天将种薯摊开放在通气良好的房间,隔天翻动薯块,拣除病烂薯,用72%的霜脲锰锌(克露)、70%甲基托布津或50%多菌灵和滑石粉,按0.05∶0.05∶1的比例混合后拌种、或选用80%丙森锌(大生M-45)、70%甲基托布津和95%的滑石粉,以3∶2∶95的比例混合后拌种,每1kg混合剂可处理100kg种薯、或选用58%甲霜灵·锰锌可湿性粉剂75~100g加2~3kg加细土或细灰2~3kg混合均匀后干拌在100kg种薯上,拌药后的种块应晾干(一般为1天),使薯块切口木栓化后播种。②浸种。切种后用72%的霜脲锰锌(克露)可湿性粉剂500倍液浸种5分钟,捞出晾干后播种、或选用58%甲霜灵锰锌可湿性粉剂75~100g加2~3kg水均匀喷洒在100~150kg种薯表面;避光晾2小时以上,待药液吸收后播种,干旱地区还可用58%甲霜灵锰锌可湿性粉剂和稀土旱地宝各100g(适宜于旱半干旱地区)加水30kg,将100kg种薯浸入其中10~30min,捞出晾干后播种。上述处理可推迟晚疫病发生时期,减轻发病程度。

(5)消灭中心病株。当在田间发现中心病株时,将病株连同薯块一起挖出,带出田外深埋,病穴内用生石灰撒施消毒或用霜脲氰(杜邦抑快净)1000~1500倍液杀菌剂喷雾,对土壤进行消毒处理,对病株周围25m范围内的植株及地表也要进行喷药处理。

(6)喷药控制。要制定合理的病虫害控制全程用药方案,预防为主,是晚疫病防控的重要措施。也可在发病前(甘肃一般在7月下旬至8月上中旬)每亩可选用75%代森锰锌水分散剂或70%丙森锌(安泰生)可湿性粉剂75~100g喷雾预防;发病期(8月下旬至9月下旬)每亩可选用65%霜霉威·氟吡菌胺悬浮剂(银法利)75~100g;50%氟吗锰锌可湿性粉剂(施得益)、80%Mancozeb·代森锰锌可湿性粉剂(疫卡)、58%甲霜灵·锰锌可湿性粉剂(宝大森)或者40%烯酰吗啉可湿性粉剂100g,兑水60~75kg均匀喷雾,每隔7~10天喷一次,根据田间发病情况和近期降雨情况连喷2~5次。

## 二、早疫病

早疫病也称轮纹病、夏疫病,是马铃薯上普遍发生的病害,凡是种植地区均有发生,近几年发生为害呈上升趋势,干燥高温条件下常见此病发生,特别是干旱地区或瘠薄地块因早疫病为害所造成的损失不亚于晚疫病。该病潜育期短,侵染速度快,除为害马铃薯外,还可危害番茄、茄子、辣椒、龙葵、烟草及其它茄属植物。

(一)症状

主要危害叶片上,也可侵染茎秆和薯块。叶片受害最初出现黑褐色水浸状小斑点,然后逐渐扩大形成褐色病斑,病斑上有同心轮纹,很像树的年轮。病斑多为圆形或卵圆形,有的病斑受叶脉限制呈多角形。严重时病斑相连,整个叶片干枯,通常不落叶,湿度大时叶片上产生黑色绒毛状霉层,即病原菌的分生孢子和分生孢子梗,一般从植株下部叶片开始发病,逐渐向上蔓延,严重发病时大量叶片枯死,田间出现一片枯黄。茎、叶柄受害多发生于分枝处,病斑褐色、线条形、稍凹陷,扩大后呈灰褐色长椭圆形斑,有轮纹。块茎发病后薯

图4-36 病健组织交界处的淡黄色晕圈　　图4-37 叶片背面布满由病原菌形成的霉层

皮上产生暗褐色凹陷的圆形或近圆形或不规则形病斑,大小不一,边缘清晰并微隆起,有的老病斑出现裂缝,皮下浅褐色呈海绵状干腐。

(二)发病规律

病菌以分生孢子或菌丝体在土壤中的病残体或病薯上越冬,翌年种薯发芽时病菌开始侵染。带病种薯发芽出土后,其上产生的分生孢子借风、雨传播,并产生分生孢子进行多次再侵染使病害扩展蔓延。当叶片有结露或有水滴时,分生孢子萌发,从叶片气孔、伤口或穿透表皮直接侵入。病菌易侵染老叶片,遇有小到中雨或连续阴雨,田间湿度高于70%,该病易发生和流行。条件适宜时,病菌潜育期极短,5~7天后又长出新的分生孢子,引起重复侵染,经过多次再侵染使病害蔓延扩大。

土壤瘠薄或肥力不足的田块发病重。沙质土壤肥力不足或肥料不平衡或缺锰发病重;病毒病、黄萎病或线虫病以及虫害严重时发病重;生长衰弱的田块发病重;收获时机械损伤多,贮藏期温度偏高(10℃以上)的薯块发病重。过早过晚栽种,氮磷肥多量可增加感病性,适当增施钾肥可提高抗病性。此外,生长期营养不良,遭干旱、冰雹、虫害或其它灾害时,早疫病发生更重。早疫病对气候条件的要求不如晚疫病严格,较高的温度和湿度有利于发病。通常温度15℃以上,相对湿度在80%以上开始发病,25℃以上时只需短期阴雨或重

露,病害就会迅速蔓延。因此7~8月雨季温湿度合适时易发病,若这期间雨水过多、雾多或露重则发病重。

(三)防治方法

(1)在早疫病发生较重的地区种植抗病品种。

(2)加强栽培管理。选择土壤肥沃的高燥田块种植,实行轮作倒茬,增施有机肥,土壤有机质含量低的地区应制定合理的施肥计划,根据土壤养分分析报告,配方施肥,增施钾肥,提高寄主抗病能力是防治此病的主要栽培措施。清理田园病残组织,做好邻近番茄、茄子、辣椒等茄科类作物早疫病防治;重病的最好与豆科、禾本科作物轮作3~4年。清除田间病残体,减少初侵染源。

(3)合理贮运。收获充分成熟的薯块,尽量减少收获和运输中的损伤,病薯不入窖,贮藏温度以4℃为宜,不可高于10℃,并且通风换气;播种时剔除病薯。

(4)药剂防治。在病害发生前或发生初期,用77%氢氧化铜(可杀得)可湿性粉剂500倍液、46.1%氢氧化铜水分散粒剂1000倍液、80%丙森锌(大生M-45)可湿性粉剂600倍液、75%百菌清可湿性粉剂、64%恶霜·锰锌(杀毒矾)可湿性粉剂、72%霜脲·锰锌(克露)可湿性粉剂、70%代森锰锌可湿性粉剂、10%苯醚甲环唑水分散剂2000倍液、10%多抗霉素可湿性粉剂(宝丽安)1000倍液喷雾,喷药时不断改变喷头朝向,将药液均匀喷施到叶片正反面,使叶片均匀附着到药液不下滴。

### 三、黑痣病

又叫马铃薯立枯丝核菌病、茎基腐病、丝核菌溃疡病或黑色粗皮病,是以带病种薯和土壤传播进行的病害。随着人们对晚疫病和早疫病的控制,马铃薯黑痣病上升为马铃薯主产区的重要病害。

图4-38 茎部症状　　　图4-39 薯块上症状

(一)症状

主要为害幼芽、茎基部及薯块。幼芽染病腐烂,形成芽腐,不能正常出土,导致缺苗断垄;幼茎发病,呈黑褐色腐败而地上部无症状。其枯死幼茎下新生的第二、第三次幼茎,亦受侵染,导致萌芽延迟,造成缺苗或出苗不齐。能正常出苗的多为细茎,生长中期茎基部或地下茎上出现褐色病斑,下叶黄化卷曲,顶叶变小,微有萎蔫而伸展不良,并呈紫红色。茎基部褐色凹陷斑,大小1~6cm,病斑及其周围常覆有紫色菌丝层;有时茎基部及块茎上生有大小不等(1~5mm)、形状各异(块状或片状)的黑褐色菌核。感病轻的在地下茎部产生凹陷的褐色病斑,植株矮小,顶端丛生;发病严重的植株顶部叶片向上卷曲并褪绿,茎上病斑环剥,使皮层坏死,地上部枯萎。匍匐茎也出现红褐色病斑、褐色至黑褐色病斑,病斑围绕匍匐茎一周,顶端即腐烂,停止生长,由于匍匐茎变短,新块茎聚集于主茎附近。土壤湿度大时,茎基部产生不定根,由于这种同化物向地下部的输送受阻,病斑上部的节异常肥大,茎基部就会长出气生薯。在近地面和茎基部产生灰白色菌丝层,茎表面呈粉状,容易被擦掉,被粉状物覆盖的茎组织正常。病斑上或茎基部常覆盖紫色菌丝层,茎基部及薯块上形成大小不等、形状各异的块状或片状、散生或聚生的菌核,即病原菌的休眠体,菌核不容易被清洗掉。有的薯块因受侵染造成破裂、锈斑或末端坏死等。块茎之间的接触,导致表面呈龟甲症状。

(二)发病规律

病菌以菌核在病薯或残落于土壤中越冬。在适宜条件下,菌核萌发并侵染幼苗、匍匐茎和薯块,低温、多湿、排水不良有利于该病的发生,带菌种薯是翌年的主要初侵染源,又是远距离传播的主要途径,播种病薯或在病土中播种,病菌可在幼芽经伤口或直接侵染,引起发病,造成芽腐或形成病苗。病菌可经风雨、灌水、昆虫和农事操作等传播蔓延,扩大为害,发病后上下扩展造成地上萎蔫或地下薯块带菌,产生菌核越冬。病菌喜温暖潮湿的条件,菌丝生长最低温度4℃,最高32℃~33℃,最适温度23℃,34℃停止生长,菌核形成最适温度23℃~28℃。在北方春寒、潮湿条件易于发病;春季播种早,土温较低时发病重;土质黏重、低洼积水的返浆地,不易提高地温,易于诱发黑痣病;病区连作地块发病较重。

(三)防治方法

(1)选用抗病品种。各地可因地制宜选择农艺性状和抗性优良的品种。
(2)建立无病留种田,采用无病种薯。

(3)适当推迟播种期。发病重的地区,尤其是早春冷凉地区,要适期播种,避免早播,或者适当浅播或垄播,提高地温,促早出苗。

(4)选用无病薯。在收获期、入窖前和播种前各挑拣薯块一次,汰除表皮带有菌核的薯块,重病田块收获的薯块不能做种薯。

(5)轮作倒茬。一般发病田块与非禾本科作物实行3年以上轮作,重发田块实行5年以上轮作,防止菌核在土壤中积累,减少土壤中菌核数量。

(6)种薯消毒。播前可用3%的丙森锌(大生M45)加2%的甲基托布津加95%的滑石粉混合剂,每千克混合剂处理100kg种薯、或者70%代森锰锌可湿性粉剂(安泰生)、80%丙森锌可湿性粉剂(大生M45)、50%多菌灵可湿性粉剂、15%恶霉灵水剂500倍液,或50%福美双可湿性粉剂1000倍液,或5%井冈霉素水剂、20%甲基立枯磷乳油1500倍液浸泡种薯10分钟后,捞出晾干播种,或用2.5%咯菌腈种衣剂(适乐时)切种后进行包衣,每100kg种薯需100~200ml的种衣剂,阴干后播种。

(7)田间处理。播种时每亩用25%嘧菌酯悬浮剂(阿米西达)40ml兑水30kg喷施在播种沟内,播种后覆土;在出苗后发现有丝核菌侵染,用25%嘧菌酯1000倍液进行灌根治疗,每株灌50ml药液。

## 四、干腐病

干腐病是一种普遍发生的块茎病害,田间染病,主要在贮藏期为害,其损失大小取决于马铃薯在田间的生长状况以及块茎的品质、运输和贮藏的条件等。

(一)症状

病斑多发生在薯块脐部或伤口处。初期在薯块表面出现暗褐色、稍凹陷

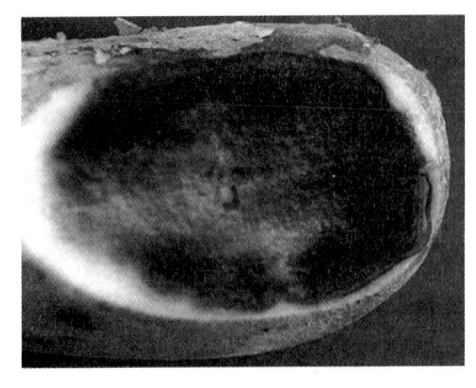

图4-40　腐烂组织呈黑色　　　　　图4-41　薯块症状

的病斑,逐渐发展使薯皮下陷、皱缩或形成不规则的同心皱叠轮纹,其上着生白色、浅灰色、黄色或粉红色的绒状颗粒或霉状物即病菌子实体。切开病薯,可见浅褐色或暗褐色的腐败物质,发硬干缩,有的形成髓部空腔或裂缝,内有灰白色由菌丝形成的霉状物。湿度大时转为湿腐,发病部位呈肉红色糊状,无特殊气味,在干燥条件下,病薯变成坚硬的淀粉团。

(二)发病规律

该病为土传病害,病原菌主要以菌丝体或分生孢子在病残组织或土壤中越冬。主要通过采挖、运输、贮藏期间所造成的伤口或擦伤表皮处侵入,也可通过其他病虫害所造成的伤口侵入,还可通过皮孔、芽眼等自然孔侵入,在贮藏期病健薯接触扩大为害。病害适宜发育温度为15℃~20℃,5℃以下发展缓慢。贮藏前期发病较轻,随着贮藏时间延长和窖温的升高,该病为害逐渐加重。当窖温高、湿度大时,贮藏的大量薯块发病腐烂;翻窖、倒窖次数多,易造成新的机械损伤,对该病菌的侵入提供了有利条件,发病重;收获时气温低,湿度大,不利于伤口愈合,贮藏期发病重。

(三)防治方法

(1)清洁窖体,熏蒸消毒。薯块贮藏前半月,将窖内杂物全部清理干净。每立方米用40%甲醛32ml、水16ml、高锰酸钾16g,将甲醛和水倒入瓷器后,再加入高锰酸钾,稍加搅拌,关闭窖门和通气孔,熏蒸48小时后揭开窖门和通气孔,通气24小时后贮藏。

(2)先杀秧后收获。在收获前10天,先用杀秧机或百草枯杀秧、或氢氧化铜60g/亩与杀秧剂一起使用、或在单用杀秧剂杀秧后,全田喷施氢氧化铜,促使薯皮老化,保护地下薯块避免病菌侵染,减少贮藏时马铃薯的烂薯率。

(3)晾晒薯块(种薯)。晴天收获,收获后的薯块应晾晒2~3天,取掉表皮泥土,然后放在通气良好的棚内预贮10~20天再入窖,种薯在保证不受冻的情况下晾晒10天以上再入窖。

(4)控制窖温。贮藏早期适当提高窖温,加强通风,促进伤口愈合,以后窖温控制在1℃~4℃,发现病烂薯及时汰除。

(5)喷洒药剂。贮藏前用70%代森锰锌可湿性粉剂(安泰生)、80%丙森锌可湿性粉剂(大生M45)500倍液;41%氯霉·乙蒜乳油(特效杀菌王)800倍液;或用0.2%甲醛溶液喷洒薯块,晾干后入窖贮藏。

(6)烟雾剂熏蒸。在贮藏期间,用百菌清、速克灵等烟雾剂熏蒸贮藏窖。

(7)种薯切块后防止切块被雨水淋湿或太阳直晒,切块风干后播种。

## 五、环腐病

### (一)症状

该病属细菌性维管束病害。地上部感病分枯斑型和萎蔫型两种。枯斑型多在植株基部的顶叶上先发病,叶尖和叶缘及叶脉呈绿色,叶肉为黄绿或灰绿色,具明显斑驳,且叶尖干枯或向内纵卷,病斑扩展,枯斑叶自下向上蔓延,最后全株枯死;萎蔫型初期从植株顶端的复叶开始萎蔫,似缺水状,逐步向下扩展,叶片不变色,中午时症状最明显,以后随着病情发展,全株叶片开始褪绿,内卷下垂,终致植株倒伏枯死。该病在田间表现不是一穴中所有主茎都有上述症状,有时一穴中仅有一个或两个主茎发病,也有地上部不显现病症的。横切茎基部,可见维管束呈浅黄色或黄褐色,有白色菌脓溢出。块茎发病,轻病薯外部症状不甚明显,发病严重时脐部周围有弹性变软之感。纵切薯块可见从脐部开始维管束半环变黄至黄褐色,或仅在脐部稍有变色,薯皮发软,脐部皱缩凹陷,重者可达一圈。发病严重时,用手挤压病薯,会有乳黄色的菌脓溢出,皮层与髓部发生分离。经贮藏,块茎芽眼变黑干枯或外表爆裂,播种后不发芽或发芽后在出土前枯死,或形成病株。

### (二)发病规律

病菌在种薯中越冬,成为翌年初侵染来源。带病种薯播种后,发病重的薯块芽眼腐烂不能发芽,感病轻的薯块发芽成为田间病株,病菌沿维管束上升到地上茎,使茎部维管束变色,或沿地下匍匐茎进入新结薯块,使薯块感病。病菌主要通过切薯刀具传播,据试验,切一刀病薯,可连续传播15~60个健康薯块。病菌发育对温度适应范围广,最适温度20℃~23℃,最高31℃~33℃,最低1℃~2℃,病菌在干燥条件下50℃经10分钟致死,最适pH6.8~8.4,传播途径主要是在切薯块时,病菌通过切刀带菌传染。

图4-42 基部复叶顶叶斑驳内卷　　图4-43 薯肉与薯皮分离

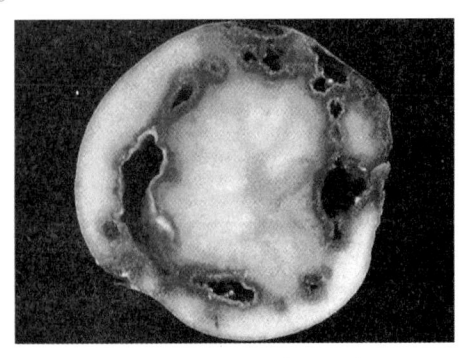

## 模块四：马铃薯栽培技术

### （三）发病条件

环腐病菌在土壤中存活时间很短，但在土壤中残留的病薯或病残体内可存活很长时间，甚至可以越冬，但是第二年或下一季在扩大其再侵染方面的作用不大，收获期是此病的重要传播时期，病薯和健薯可以接触传染，在收获、运输和入窖过程中有很多传染机会。影响环腐病流行的主要环境因素是温度，病害发展最适土壤温度为19℃~31℃，超过31℃病害发展受到抑制，低于16℃症状出现推迟，一般来说，温暖干燥的天气有利于病害发展，贮藏期温度对病害也有影响，在温度20℃上下贮藏比低温1℃~3℃贮藏发病率高得多。播种早发病重，收获早则病薯率低，病害的轻重还取决于生育期的长短，夏播和二季作一般病轻。

### （四）防治方法

（1）建立无病留种田，生产无病种薯。当年种植的马铃薯田，在开花期进行严格的田间检查，选择健康植株，做上标记，收获时，先将做标记的健康种薯单收单贮，供下年做种用，也可以芽栽留种。

（2）整薯播种并留种，同时播前严格挑选种薯。播种前7~10天将种薯摊开在房间，厚度2~3层，隔天挑拣一次病烂薯，待幼芽长到火柴头大小，再放在散射光下晒种2~3天，使芽和薯皮变绿时切薯播种。

（3）切刀消毒。种薯需要切块时，应准备2把刀具，将切刀放入0.1%高锰酸钾溶液、75%的酒精中浸泡消毒，或切薯时，烧一锅（壶）开水，并放入少量食盐，将切刀煮沸5~10分钟，待冷凉后再切薯。严格做到"一刀一薯"。

（4）拔除病株，淘汰病薯。在盛花期，深入田间调查，发现病株，及时连同薯块挖除干净，对降低发病率有一定的效果。种薯入窖时，挑除带病薯块，可避免烂窖。

（5）药剂防治。将种薯用77%氢氧化铜可湿性粉剂500~700倍液浸泡3~5分钟，捞出晾干后播种。或每亩用77%氢氧化铜可湿性粉剂130g、或46.1%氢氧化铜水分散粒剂50g叶面喷雾防治1~3次。

# 第二节　虫害及防治

## 一、马铃薯块茎蛾

属鳞翅目，麦蛾科。别名：马铃薯麦蛾、番茄潜叶蛾、烟潜叶蛾。分布在山西、甘肃、广东、广西、四川、云南、贵州等马铃薯和烟产区。

### （一）寄主

马铃薯、茄子、番茄、青椒等茄科蔬菜及烟草等。

图 4-44　块茎蛾成虫　　　　图 4-45　老龄幼虫粉红色，长约3.5cm

### （二）为害特点

幼虫潜入叶内，沿叶脉蛀食叶肉，余留上下表皮，呈半透明状，严重时嫩茎、叶芽也被害枯死，幼苗可全株死亡。田间或贮藏期可钻蛀马铃薯块茎，呈蜂窝状甚至全部蛀空，外表皱缩，并引起腐烂。

### （三）形态识别

成虫体长5~6mm，翅展13~15mm，灰褐色。前翅狭长，中央有4~5个褐斑，缘毛较长；后翅烟灰色，缘毛甚长。卵约0.5mm，椭圆形，黄白色至黑褐色，带紫色光泽。末龄幼虫体长11~15mm，灰白色，老熟时背面呈粉红色或棕黄色。蛹长5~7mm，初期淡绿色，末期黑褐色。第10腹节腹面中央凹入，背面中央有一角刺，末端向上弯曲。茧灰白色，外面粘附泥土或黄色排泄物。

### （四）发生规律

分布于我国西部及南方，以西南地区发生最重。在西南各省年发生6~9代，以幼虫或蛹在枯叶或贮藏的块茎内越冬。田间马铃薯以5月及11月受害较严重,室内贮存块茎在7~9月受害严重。成虫夜出,有趋光性。卵产于叶脉处和茎基部,薯块上卵多产在芽眼、破皮、裂缝等处。幼虫孵化后四处爬散,吐丝下垂,随风飘落在邻近植株叶片上潜入叶内为害,在块茎上则从芽眼蛀入。卵期4~20天;幼虫期7~11天;蛹期6~20天。

(五)防治方法

(1)药剂处理种薯。对有虫的种薯,用溴甲烷或二硫化碳熏蒸,也可用90%晶体敌百虫或15%阿维·毒乳油1000倍液喷种薯,晾干后再贮存。(2)及时培土。在田间勿让薯块露出表土,以免被成虫产卵。(3)药剂防治:在成虫盛发期可喷洒15%阿维·毒乳油1000~1500倍液等。

## 二、马铃薯甲虫

马铃薯甲虫属鞘翅目叶甲科。是世界有名的毁灭性检疫害虫。原产在美国,后传入法国、荷兰、瑞士、德国、西班牙、葡萄牙、意大利、东欧、美洲一些国家,是我国外检对象,现在我国新疆区部发生。

图4-46 卵块孵化及初孵幼虫　　图4-47 成　虫

(一)寄主

主要是茄科植物,大部分是茄属,其中栽培的马铃薯是最适寄主,此外还可为害番茄、茄子、辣椒、烟草等。

(二)为害特点

种群一旦失控,成、幼虫为害马铃薯叶片和嫩尖,可把马铃薯叶片吃光,尤其是马铃薯始花期至薯块形成期受害,对产量影响最大,严重的造成绝收。

(三)形态识别

雌成虫体长9~11mm,椭圆形,背面隆起,雄虫小于雌虫,背面稍平,体黄色至橙黄色,头部、前胸、腹部具黑斑点,鞘翅上各有5条黑纹,头宽于长,具3个斑点,眼肾形黑色,触角细长11节,长达前胸后角,第1节粗且长,第2节较3节短,1~6节为黄色,7~11节黑色。前胸背板有斑点10多个,中间2个大,两侧各生大小不等的斑点4~5个,腹部每节有斑点4个。卵长约2mm,椭圆形,黄色,多个排成块。幼虫体暗红色,腹部膨胀高隆,头两侧各具瘤状小眼6个和具3节的短触角1个,触角稍可伸缩。

(四)发生规律

美国年生2代,欧洲1~3代,以成虫在土深7.6~12.7cm处越冬,翌春土温15℃时,成虫出土活动,发育适温25℃~33℃。在马铃薯田飞翔,经补充营养开始交尾,把卵块产在叶背,每卵块有20~60粒卵,产卵期2个月,每雌产卵400粒,卵期5~7天,初孵幼虫取食叶片,幼虫期约15~35天,4龄幼虫食量占77%,老熟后入土化蛹,蛹期7~10天,羽化后出土继续为害,多雨年份发生轻。该虫适应能力强。

(五)防治方法

(1)加强检疫,严防人为传入,一旦传入要及早铲除。(2)与非寄主作物轮作,种植早熟品种,对控制该虫密度具明显作用。(3)生物防治,目前应用较多的是喷洒苏云金杆菌(B. t.tenebrionia亚种)制剂600倍液。(4)发生初期喷洒20%氰戊·马拉松乳油等杀虫剂1000倍液,该虫对杀虫剂容易产生抗性,应注意轮换和交替使用。(5)用真空吸虫器和丙烷火焰器等进行物理与机械防治,丙烷火焰器用来防治苗期越冬代成虫效果可达80%以上。

### 三、马铃薯二十八星瓢虫

马铃薯二十八星瓢虫又名二十八星瓢虫。属鞘翅目瓢虫科。分布北起黑龙江、内蒙古,南至福建、云南,长江以北较多,黄河以北尤多;东接国境线,西至陕西、甘肃;折入四川、云南、西藏。

(一)寄主

马铃薯、茄子、青椒、豆类、瓜类、玉米、白菜等。

(二)为害特点

成虫、幼虫取食叶片、果实和嫩茎,被害叶片仅留叶脉及上表皮,形成许多不规则透明的凹纹,后变为褐色斑痕,过多会导致叶片枯萎;被害果实则被啃食成许多凹纹,逐渐变硬,并有苦味,失去商品价值。

(三)形态识别

成虫体长7~8mm,半球形,赤褐色,密披黄褐色细毛。前胸背板前缘凹陷而前缘角突出,中央有一较大的剑状斑纹,两侧各有2个黑色小斑(有时合成一

## 模块四：马铃薯栽培技术

图4-48 成虫咬食叶片　　　　图4-49 成　虫

个）。两鞘翅上各有14个黑斑，鞘翅基部3个黑斑后方的4个黑斑不在一条直线上，两鞘翅合缝处有1~2对黑斑相连。卵长1.4mm，纵立，鲜黄色，有纵纹。幼虫体长约9mm，淡黄褐色，长椭圆状，背面隆起，各节具黑色枝刺。蛹长约6mm，椭圆形，淡黄色，背面有稀疏细毛及黑色斑纹。尾端包着末龄幼虫的蜕皮。

（四）发生规律

一般于5月开始活动，为害马铃薯或苗床中的茄子、番茄、青椒苗。6月上中旬为产卵盛期，6月下旬至7月上旬为第一代幼虫为害期，7月中下旬为化蛹盛期，7月底8月初为第一代成虫羽化盛期，8月中旬为第二代幼虫为害盛期，8月下旬开始化蛹，羽化的成虫自9月中旬开始寻求越冬场所，10月上旬开始越冬。成虫以上午10时至下午4时最为活跃，午前多在叶背取食，下午4时后转向叶面取食。成虫、幼虫都有残食同种卵的习性。成虫假死性强，并可分泌黄色粘液。越冬成虫多产卵于马铃薯苗基部叶背，20~30粒靠近在一起。越冬代每雌可产卵400粒左右，第一代每雌产卵240粒左右。卵期第一代约6天，第二代约5天。幼虫夜间孵化，共4龄，2龄后分散为害。幼虫发育历期第一代约23天，第二代约15天。幼虫老熟后多在植株基部茎上或叶背化蛹，蛹期第一代约5天，第二代约7天。

（五）防治方法

（1）人工捕捉成虫，利用成虫假死习性，用薄膜承接并叩打植株使之坠落，收集灭之。（2）人工摘除卵块，此虫产卵集中成群，颜色鲜艳，极易发现，易于摘除。（3）药剂防治，要抓住幼虫分散前的有利时机，可用20%氰戊·马拉松（瓢甲敌）乳油1000倍液、20%氰戊菊酯或2.5%溴氰菊酯3000倍液、50%辛硫磷乳剂1000倍液。

# 第三节 草害及防治

## 一、杂草分类

马铃薯田有超过100种类型的杂草,主要有苋菜、马唐、藜、苍耳、马齿苋、狗尾草、早熟禾、刺儿菜、香附子、茅草以及鬼针草等。马铃薯田杂草结实率高,与普通农作物比较,绝大部分杂草的结实力要高几十倍或者更高,其千粒重比作物种子小,通常不超过1g,传播很方便,比如一株苋菜能有种子50万粒。

杂草有很多传播方式,其中效果最好的是风,比如菊科等果实上有冠毛,风传十分有利;鬼针草、苍耳等果实上有钩刺,能随别的物体传播;还有些杂草的种子能借助农具和交通工具进行传播,也能混在饲料中,作物种子里或肥料中传播,杂草种子成熟度不一,不过有很高的发芽率和很长的寿命。藜和荠菜等没有彻底成熟的种子发芽及其容易,马唐开花4~10天就可长成发芽用的种子。藜属、莎草、旋花属等杂草的种子能存活超过20年。成熟度不同,休眠时间也不一样,因此有很长的出草期。杂草有很强的再生力以及无性繁殖能力,比如在10cm土层中有80%的成活率;在拔除马齿苋后将其暴晒数日,还能生根成活;拔除茅草和香附子几天后就有新芽出土。薯田杂草大多是旱地杂草。其寿命、繁殖特点及营养性能分成以下两大类:

(一)一年生杂草

发芽和出苗大多在春天,每年能繁殖1代或几代,当年开花结实,在秋冬死去;还有些杂草的发芽、出苗在秋天,当年形成叶簇,翌年夏季开花结实,比如荠菜。

(二)多年生杂草

结实之后死亡的只有地上部位,翌年春天在地下块茎、块根、鳞茎或地下根状茎上再次发芽。比如,香附子、茅根、野蒜、蒲公英和苣菜等,均利用无性繁殖器官多年生长,有些种子还可以生产发育。另外,杂草也能分成双子叶杂草和单子叶杂草。

## 二、常见除草剂

（一）播后苗前封闭杀灭

（1）乙草胺（禾耐斯）

对结小粒种子的阔叶草和一年生禾本科杂草均有效果，属于酰胺类除草药。用量：每亩用90~120ml 90%乙草胺乳油或者150~200ml 50%乙草胺乳油。

（2）异丙甲草胺（金都尔）

对部分莎草、阔叶草和一年生禾本科杂草均有效，属酰胺类除草药。用量：每亩用40~80ml 96%异丙甲草胺乳油，有40~60天的有效期。在土壤湿度大时施用有明显的效果。

（3）氟乐灵（氟特力）

是防除薯田杂草最早使用的药物，属二硝苯胺类除草药。可以防除结小粒种子的阔叶草及一年生禾本科杂草。用量：每亩用100~130ml 48%氟乐灵乳油。易光解降效，易挥发，喷施后要和土混合，以维持药效。会影响下茬谷子和高粱的生长。

（4）二甲戊乐灵（除草通、杀草通、施田补）

是对阔叶杂草及多种一年生禾本科杂草均有效果的广谱土壤封闭除草剂，属于二硝基苯胺类药物。用量：33%二甲戊乐灵乳油300~400ml/亩。针对土壤有机质的具体含有量来决定使用量。含有机质多，则多使用。

（5）嗪草酮（赛克、赛克津）

是一种土壤处理剂，能除去一年生阔叶杂草，属三氮苯类除草药。用量：每亩地用45~100g 70%嗪草酮可湿性粉剂。要随土壤有机质含量的增多来增加药物使用量。需留意：pH>7.5的土壤、沙土、有机质含量<2%的土壤和前茬玉米地用过阿特拉津的土壤最好不用嗪草酮除草。

（6）地乐胺（双丁乐灵）

能消灭寄生性杂草菟丝子、部分阔叶草和一年生禾本科杂草，是二硝基苯胺类除草药。用量：每亩用150~200ml 48%地乐胺乳油。

（7）异丙草胺（普乐宝）

对结小粒种子的阔叶草及一年生禾本科杂草有防除效果，是一种内吸传导型药物，属于异丙草胺属酰胺类除草药。不光能在薯田除草，还可对大豆、向日葵、玉米、洋葱和甜菜使用。有50%可湿性粉剂及72%乳油两种剂型。用量：每亩使用100~200ml 72%乳油。土壤含有机质越多用量越大，有机质含量低于3%的沙土每亩用100ml；含有机质超过3%的壤土每亩能用180ml。

(8)恶草酮(农思它)

对阔叶草和一年生禾本科杂草有效果，是环状亚胺类选择性触杀型芽期除草剂。主要用来播后出苗前的土壤，只有杂草的幼苗接触或吸收了药剂，就会死亡。用量：每亩使用120~150ml 25%乳油。

(9)田普(二甲戊灵)

杀草谱广，对阔叶草和一年生禾本科杂草均有效果，属于二硝基苯胺类除草药。为45%微胶囊剂型，属旱田苗前封闭性除草剂，用后于土表形成2~3cm深的药层，会将杂草消灭。而且还不会伤害作物的根，不易光解和挥发，有45~60天的持效时间。用量：灰灰菜较多的地块，每亩用110ml。若土壤黏重、草多、有机质含量大于2%，或要求持效期长些，可适量增加用量。

(二)播后苗前对杂草茎叶喷雾杀灭

如果气温相对比较高，土壤湿度正好，各种杂草往往在马铃薯苗出来之前，就已长出，可以使用灭生性除草剂喷杂草的茎叶，将其消灭。

(1)百草枯(克芜踪、对草快)

为速效触杀型药剂，属于联吡啶类除草药，可用来处理茎叶，能快速见效，不伤害根部，只杀绿色部位，最好于傍晚或下午使用，使农药推迟见光时间，能增强防除效果。用量：每亩用200~300ml 20%百草枯水剂。

(2)草甘膦(农达、农民乐、达利农)

有内吸传导广谱灭生性，可以在植物体内快速传导进入分生组织，是甘膦属有机磷类除草药。高效、残留少、低毒，容易分解，对环境无危害。用量：每亩用500~750ml 10%的草甘膦水剂，然后加水进行喷雾。

(三)马铃薯及杂草出苗后茎叶喷雾杀灭

(1)精吡氟禾草灵(精稳杀得)

为芳氧苯氧丙酸类吸传导型处理剂。在多年生或一年生禾本科杂草的3~5叶期，将本药剂喷在茎叶上。用量：每亩地用50~100ml 15%精吡氟禾草灵乳油。杂草苗大或干旱高温的时候，适度加大用药量，对马铃薯无害，施药后2~3小时下雨也不会减轻药效。

(2)精喹禾灵(精禾草克)

是内吸传导型茎叶处理剂，能防除一年生禾本科杂草，在杂草2~5叶的时候将药剂喷在茎叶上即可，属于芳氧苯氧丙酸类除草药。用量：每亩用50~80ml 5%精喹禾灵乳油。若每亩用到80ml，就能防除大龄一年生禾本科杂草和多年生禾本科杂草。

(3)高效吡氟乙禾灵(高效盖草能)

是内吸传导型茎叶处理剂,对一年生和多年生禾本科杂草有防效,对马铃薯无害,能有效防除芦苇,在杂草3叶期时喷用,属于芳氧苯氧乙酸类除草剂。用量:每亩用35~50ml 12.8%高效吡氟乙禾灵。若要杀灭芦苇,应加大药量,每亩用量为60~90ml。

(4)精嗯唑禾草灵(威霸)

是传导型茎叶处理剂,能有效防除一年生及多年生禾本科杂草,在杂草2~4叶时喷在茎叶上,属于芳氧环氧乙酸类除草剂。用量:每亩用50~60ml 6.9%精嗯唑禾草灵乳油。

(5)烯草酮(收乐通)

是内吸传导型苗后选择性茎叶处理剂,有效防除一年生及多年生禾本科杂草,属于环己烯酮类除草剂。用量:每亩用35~40ml 12%烯草酮乳油,假如草龄较大,每亩可用60~80ml。

(6)砜嘧磺隆(宝成)

有内吸传导性,能有效防除一年生禾本科杂草、多年生莎草及部分阔叶草,可以用作种后苗前的封闭土壤及苗后灭草,属于磺酰脲类除草药。处理茎叶时在禾本科杂草2~4个叶前喷药,阔叶草在高5cm之前喷药效果好。用量:每亩喷5~6次25%砜嘧磺隆干悬浮,兑水26~30升,选择无风天在田间喷雾。要先配成母液,然后放进喷药罐里,还要放入0.2%的表面活性剂,用中性洗涤剂或洗衣粉效果最好。有报道显示,油菜对宝成敏感,因此施用过砜嘧磺隆的地块第二年不要种亚麻和油菜。此外,据观察显示,天气炎热的时候喷施砜嘧磺隆,马铃薯的叶子上会有和花叶病的斑驳类似的症状,几天后才能恢复。

近年来,为了满足农民的需求,国内农药生产厂家试配出很多复合型除草剂,不但防治禾本科杂草,也防除阔叶草,比如薯来宝和顶秧等。马铃薯种植人员可以先试用,一旦发现确实安全高效,就可以大面积施用。

(四)长残留除草剂对后茬马铃薯的影响

马铃薯对除草剂比较敏感,上茬用过的除草剂常常因长残留而会影响下茬马铃薯的产量,导致下茬马铃薯中毒,使产量严重下降,因此马铃薯种植人员务必在挑选地块前,清楚掌握前茬有没有用过除草剂及其种类,是否会危害下茬马铃薯,弄明白后,再决定。用作倒茬的田块栽种别的作物时,如果要用除草剂,必须注意不能使用会危害下茬马铃薯的药剂。

### 三、除草剂使用方法

马铃薯田除草剂有两种使用方法。

(一)土壤处理

封闭性除草剂既能在种植前使用,也能在种植后苗长出前使用。此种除草剂在杂草的芽鞘、胚轴及根等部位将药吸收后进入杂草体内,然后作用于生长点或别的功能部位,杀死杂草,如乙草胺、氟乐灵、异丙甲草胺等。

(二)茎叶处理

可使用的药剂有两类。第一类是灭生性的,能灭杀任何杂草。可以在杂草长出苗、马铃薯未出苗的时候喷杂草的茎叶,通过茎、叶、芽鞘及根部吸收,控制杂草生长,使杂草死亡。比如草甘膦和百草枯等。第二类是选择性的,就是对不同的植物选择性灭杀,不会伤害马铃薯,但会杀伤一些杂草。这类药剂适用于马铃薯和杂草共生期,可以保苗灭草,比如精吡氟禾草灵和喹禾灵等。

(三)化学除草剂的具体使用技术

1.禾草的化学防除

假如薯田还没有阔叶草、莎草,只有禾草,就可以使用拿捕净、喹禾灵以及氟乐灵进行防除。常用防除法如下:每亩地用70~110ml 47.5%氟乐灵乳油,兑40升水,整地后在种马铃薯之前进行喷雾。应在低于30℃的傍晚或下午进行,扑草净和氟乐灵混合使用也可以。每亩用60~80ml喹禾灵乳油,兑50升水,在杂草3叶时于田间喷雾。用药时要求田间空气要足够湿润,若要消灭多年生杂草,则应适量多施,施用后2~3小时下雨不会影响药效。每亩用60~90ml 12.5%拿捕净乳油,兑40升水,在禾草2~3叶期喷雾。要喷均匀,空气足够湿润能加强效果。最好早晚喷药,温度高或中午时不适合用药。除4~5叶期禾草,每亩用量增加至130ml;若是防除多年生杂草,可在施药量相同的条件下,与一次性用药相比,隔3周施2次药有更好的防除效果,要避免药沾到禾本植物。

2.禾草+莎草的化学防除

如果薯田中没有阔叶草,有莎草及禾草,则可选用乙草胺。每亩地用50~100ml 50%乙草胺乳油,兑40升水,马铃薯种植前或马铃薯种植后进行田间喷雾。地面应湿润,无风。乙草胺不能防除出苗杂草,要尽量早用药,增强效果。

3.禾草+阔叶草的化学防除

如果薯田中没有莎草,有阔叶草和禾草,则可选草长灭表剂。每亩地用200~250ml 70%草长灭可湿性粉剂,兑40升水,种植前或种植后尽快喷雾。土壤墒情要好,微风或无风,切记不可和液态化肥混合使用。

4.禾草+莎草+阔叶草的化学防除

假如薯田中既有禾草、莎草,又有阔叶草,则可使用旱草灵和果乐。每亩地使用40~60ml果乐乳油,兑40升水,进行喷雾。土壤墒情要好,如果有30~60mm的降雨则更好。用药时整地要细致,不能有大土块。用药时间为下午4点之后。

★复习思考题★

1.马铃薯晚疫病的症状和防治方法是什么?
2.马铃薯早疫病的症状和防治方法是什么?
3.马铃薯干腐病的症状和防治方法是什么?
4.马铃薯块茎蛾的为害特点和防治方法是什么?
5.马铃薯块二十八星瓢虫的为害特点和防治方法是什么?
6.长残留除草剂对后茬马铃薯的影响是什么?

# 第七章　马铃薯贮藏

●学习任务指导●
1.掌握薯块的生理变化和化学变化。
2.贮藏的条件与管理。
3.薯块的贮藏方式和抑芽剂的使用。

# 第一节　薯块贮藏期间的生理变化及贮藏的条件

　　为了保证市场上马铃薯的常年平衡供应,解决马铃薯产品的地区性、季节性局部过剩与专用品种供应不足的矛盾以得到更好的经济效应,专用马铃薯商品薯和原料薯的贮藏极其重要。另外,为了保证在需要的播种季节有适合生理时期的种薯供应,种薯的适当贮藏方法也是必须。薯块在贮藏过程中,内部的营养成分会发生变化,影响块茎的品质;种薯在贮藏期间会发生衰老,马铃薯块茎体积大、水分含量高达80%左右,薯皮易损,在贮藏过程中极易因病菌的侵染而腐烂。这些变化均受贮藏期间环境变化的影响。因此马铃薯的安全贮藏对温度、湿度等环境条件的变化比一般作物种子要严格的多,贮藏环境更加复杂和困难。马铃薯的贮藏寿命取决于贮藏温度、相对湿度、黑暗条件、薯块的质量和品种。

　　一、贮藏期间马铃薯薯块的生理变化

　　在贮藏过程中,马铃薯块茎将发生一系列由高活性到低活性、再向高活性的生理生化变化,块茎内的化学成分也在不断变化。整个变化过程与块茎的品质及加工利用有关。生理生化变化主要为组织结构的变化、伤口的愈合、块茎的失水、块茎的呼吸作用、块茎贮藏物质和内源激素的变化等。

(一)块茎组织结构的变化

表皮不断木栓化,通过休眠后,在芽眼处形成一个明显的幼芽,在贮藏后幼芽分化出小花。

(二)伤口愈合

块茎在收获、运输和分级选种等过程中易被擦伤或碰伤,伤口在环境条件适宜时就会愈合,从而可以减少水分的蒸发和病菌的入侵。伤口愈合时,在伤口表面形成木栓质,产生木栓化的周皮细胞,把伤口填平。

(三)块茎失水

在贮藏过程中,块茎的失水是不可避免的。但过度失水会降低块茎的商品价值和种用块茎的活力。块茎失水的主要途径是薯皮的皮孔蒸发、薯皮的渗透、伤口和芽的生长。

(四)块茎的呼吸作用

块茎在呼吸的过程中吸收氧气,消耗营养物质,同时放出水汽、二氧化碳和热量,这会影响块茎贮藏环境的温度、湿度以及空气成分的变化,从而影响贮藏块茎的质量。呼吸强度因块茎的生理状况、贮藏环境以及品种的不同而异。刚收获的块茎呼吸强度相对较高,随着休眠的深入,呼吸强度逐渐减弱,块茎休眠结束后,呼吸强度又开始增高,芽萌动时的呼吸强度急剧增强,随着芽条的生长,呼吸进一步加强。未成熟块茎比成熟块茎的呼吸强,块茎的机械损伤和病菌的感染都会导致呼吸的迅速加强。温度是影响块茎呼吸最主要的环境因素。据研究,贮藏温度在4℃~5℃时,呼吸强度最弱,5℃以上则呼吸强度随温度的升高而增强。氧气不足会导致呼吸降低,高温下缺氧会导致窒息而造成块茎的黑心。

(五)块茎化学成分的变化

在块茎贮藏过程中,营养成分不断的在发生变化,在正常的贮藏条件下,变化是缓慢的而且有一定的规律。

1.碳水化合物的变化。碳水化合物中95%以上是淀粉,另外还有蔗糖、葡萄糖、果糖等。在整个贮藏期间块茎中的这些成分在不停的相互转化。刚收获的块茎糖的含量较低。随着贮藏期的延长,块茎的糖含量不断增加,淀粉含量逐渐减少。还原糖的增加使块茎容易发生褐变从而降低加工品质。块茎糖分增加的速度和程度主要取决于储藏温度和储藏时间。低温是导致糖增加的最主要因素,但如果将低温贮藏的块茎放置在室温下贮藏一段时间,就会出现糖分减少而淀粉增加的回暖反应。

2.其他成分的变化。块茎的蛋白质含量随着贮藏器的推延而减少,但在收获后至休眠期的变化很小,发芽后,蛋白质明显减少。维生素C的损失主要在贮藏期,随着贮藏期的延长,维生素C的含量直线下降,一般在3℃下损失最多,而在5℃下损失最小。

## 二、贮藏的条件

### (一)薯块对贮藏条件的要求

影响块茎品质最主要的因素是贮藏薯块本身的贮藏品质和成熟的薯皮。应选择耐贮藏、干燥和具有完整健康薯皮的薯块进行贮藏。一般情况下,只有成熟的块茎才能贮藏。不同用途的专用马铃薯对贮藏条件有不同的要求。在贮藏过程中,工业加工和食品加工用的马铃薯应防止淀粉转化成糖;种用的马铃薯应保持优良健康的种用品质以利于繁殖和生产。应根据马铃薯的用途(鲜食消费、加工原料或种用等)、贮藏时期的长短、贮藏期间外界的气温(平均温度、最高均温、最低均温)、所贮藏薯块的质量和数量,以及贮藏前马铃薯的处理方法等具体情况,选择最适当的贮藏技术,采用科学的方法进行贮藏管理,防止块茎腐烂、发芽和病虫害的发生及传播,保持马铃薯的商品与种用品质,尽量降低贮藏期间的损耗。

原则上适当的贮藏条件应该是使损失减少到最低程度;种薯薯块应保持在合适的生理阶段;加工原料用薯块的化学成分应保持或达到理想的品质。

1.食用鲜薯的贮藏要求

在贮藏结束时,用于鲜薯消费的马铃薯应不发芽或几乎不发芽。长期贮藏需要4℃~6℃的低温,而短期贮藏可承受较高的温度。必须指出,供鲜薯食用的马铃薯应当在黑暗条件下贮藏,否则薯块会变绿。绿色和发芽的马铃薯因产生生物碱龙葵素而有毒,不应供给人类食用和作为饲料。

2.种薯的贮藏要求

种薯通过贮藏应当有利于在播种时快速发芽和出苗,作为影响马铃薯生理时期的主要因素,贮藏温度应当适应贮藏期的需要,假如贮藏期(收获到播种)为2~3个月,贮藏温度应该高一些,长期贮藏应在3℃~4℃的低温条件下,或可在较高的温度下,利用散射光贮藏,散射光能使种薯延缓衰老。贮藏在低温散射光下的种薯通常比贮藏在较高温度黑暗条件下的种薯产生更健壮的植株。

3.加工用原料薯的贮藏要求

贮藏期间,淀粉和糖互相转化。控制转化的酶在很大程度上受温度的影响。同样糖用于呼吸作用的反应也受温度的控制。低温贮藏时,薯块中的糖发生积累,贮藏在2℃~4℃下的薯块可能会有甜味。温度较高时,糖的积累较少。但对加工用马铃薯来说,贮藏在5℃~6℃下的薯块,糖含量依然太高,糖含量较高时,马铃薯炸片炸条的颜色太深,影响产品的质量,不符合市场的要求。因此,加工用马铃薯的贮藏温度是:炸条不低于5℃~7℃,炸片不低于7℃~9℃。高温贮藏一般用于短期贮藏。在15℃~20℃下贮藏1~2周,可降低薯块中的含糖量,糖分用于呼吸作用而被消耗(如回暖),但是回暖的结果并不总是很理想。另外,低温下贮藏的马铃薯易产生黑斑和被搓伤,因此,低温贮藏的马铃薯在加工前必须用高温处理,一般处理温度为15℃~18℃。

(二)贮藏的适宜环境条件

贮藏库内的环境条件直接影响块茎在贮藏期间的生理生化变化,对马铃薯的安全贮藏至关重要。影响马铃薯贮藏品质的主要环境因素为温度、湿度、热、通风条件、光、气体和化学物质。

1.温度

温度在很大程度上决定马铃薯的贮藏时间和贮藏质量,它不仅影响马铃薯休眠期的长短,而且还影响芽的生长速度。当贮藏温度在0℃以下时,经过一定的时间会发生冻害。长期贮藏在温度接近于0℃的条件下,芽的萌发和生长就会受到抑制,芽的生长势减弱,同时容易感染低温真菌病害如干烧病、薯皮斑点病从而导致损失,还原糖含量升高也会影响加工品质。如果贮藏温度较高,通过休眠后的马铃薯发芽多,芽生长快,整个块茎组织会因失水而变软。受到机械损伤的块茎只有在较高温度下才能使伤口迅速愈合,在10℃~15℃时,需要2~3天,在21℃~35℃时第二天就能形成木栓组织。因此,预储时为了使块茎伤口迅速愈合需要较高的温度。

根据块茎在贮藏期间的生理生化变化,不同用途的块茎对贮藏温度有不同的要求。种薯贮藏要求较低的温度,2℃~3℃的贮藏温度可以保证种薯的种用质量。鲜薯食用商品薯则以4℃~5℃为宜,加工用原料薯为了防止发酵黑心和保证最少的损耗,短期贮藏以10℃~15℃为宜、长期贮藏以7℃~8℃为宜。

2.湿度

贮藏期间马铃薯需保持表面干燥,但应避免过分的水分损失,将失水导致的重量损失降到最低。贮藏库内的湿度随着库内温度的高低和通风条件的变化而不断发生变化。为了减少贮藏损失和保持块茎有一定的新鲜度,应保持库内有适宜的湿度。若湿度过高,将引起薯堆上层的块茎潮湿或贮藏库内壁的水分凝结,常使马铃薯块茎过早发芽或形成须根,降低食用薯加工用原料薯和种薯的商用品质、加工品质和种用品质。相反,过低的贮藏湿度使马铃薯块茎蒸发增加,引起块茎变软或皱缩。因此,当贮藏温度在1℃~3℃时,湿度应控制在85%~90%之间,湿度变化的安全范围为80%~93%。

3.气体

块茎在贮藏期间要进行呼吸作用,吸收氧气放出二氧化碳和水分。在通气良好的情况下,空气对流不会引起缺氧和二氧化碳的积累。贮藏库内如果通气不良,将引起二氧化碳积聚,从而引起块茎缺氧呼吸,这不仅使养分损耗增多,而且还会因组织窒息而产生黑心。种薯长期储存在二氧化碳过多的库内,就会影响活力,造成田间缺苗和产量下降。因此,在贮藏期间、运输过程中,特别是贮藏初期,应保证空气流通以促进气体交换。

4.通风

通风是马铃薯块茎安全贮藏所要求的重要条件。在贮藏过程中,利用通风过程使库房内空气循环流动,并除去热、水、二氧化碳和氧气,调节贮藏库内的温度和湿度,输入清洁而新鲜的空气,保证足够的氧气,以便使马铃薯块茎正常地进行呼吸。在通风条件差时,可能导致发酵并发生黑心病,厌氧菌的进一步发展可能会引起贮藏薯块的全部腐烂。

5.光

直射日光和散射光都能使马铃薯块茎变绿,使有毒物质龙葵素含量增加,从而使薯块的商用品质变劣。食用商品薯和加工用原料薯应在黑暗无光的条件下贮藏。由于灯光也会产生额外的热量,进而招来蚜虫等昆虫,因此在贮藏管理上要尽量减少贮藏库内电灯的照射。在散射光下贮藏种薯会延长其贮藏寿命,使其比贮藏在高温黑暗条件下的种薯更有活力。在光的作用下,块茎表皮变绿可抑制病菌的侵染,也能抑制幼芽的徒长而形成短壮芽。根据各地的实际情况,可以用多种方法利用散射光贮藏种薯,如架藏、晒种等。当收获和播种之间的间隔长于4个月时,种薯应在散射光下贮藏;不长于2~3个月时,应先将种薯堆藏至休眠结束后,再在散射光下发芽。在散射光贮藏过程中,要注意块茎蛾和蚜虫等虫害。

6.化学物质

在马铃薯块茎的贮藏中,可使用化学物质作抑芽剂、控制虫害、减轻真菌和细菌病害的发生。需贮藏马铃薯,一般在收获前使用化学杀秧剂杀秧,以保证薯皮成熟、利于收获及减少病原菌在薯块中的积累。氯苯胺灵(C矾)、双氧水衍生物(HPP)、青鲜素(MH)、四氯硝基苯(TCNB)等抑芽剂在贮藏前处理薯块或通过风力输气管道喷施已广泛地应用于商品薯的贮藏中。但在贮藏温度高于15℃~18℃时,抑芽剂的效果不好。

# 第二节　薯块贮藏方式及贮藏期间的化学处理方法

## 一、薯块贮藏方式

### (一)室内贮藏法

秋季马铃薯收获后,天气转凉,也可在室内贮藏,但对贮藏的要求是一样的。也就是说,在贮藏期间一定设法维持1℃~4℃的适宜温度和80%~85%的空气相对湿度。收获后在阴凉处堆晾6~7天,剔除病薯、烂薯、破伤薯和冻薯,将好薯储于室内。下面铺好5cm厚的干沙,上面摆放马铃薯,厚度一般不要超过30cm,因为块茎刚刚收获,呼吸作用还相当旺盛,只能薄一点、凉一点,避免过厚引起薯堆发热,造成烂薯,且应随时注意通风。

经过一段预储之后,呼吸作用减弱,气温也不断下降,就可以堆厚一些。多数地区是在12月中下旬,将薯堆加大,高80~90cm,宽150cm,长度可随贮藏室的长度和薯块多少而定。然后在上面和四周用沙或土覆盖,厚度10cm。天寒地冻后,温度进一步下降,若薯堆维持不了1℃~4℃的适温,可在上面和四周继续加盖草苫,也可以将沙土加厚,以防受冻,不使温度降到0℃。当然,温度过高时要随时撤除草苫和沙土,一旦超过6℃,就会消耗过多的水分和养分,降低商品价值,通过休眠期的块茎便会发芽。

室内贮藏要注意创造黑暗条件,不使薯块在任何情况下见光。因为即使微弱的散射光线,块茎的表皮也会变绿,降低品质或失去食用价值。在中途搬运转销的过程中,也需注意避光保鲜。

(二)窖藏法

北方农家小窖都是个体贮藏,但也需符合马铃薯对贮藏条件的要求,秋季收获后堆放到接近0℃才能入窖。入窖初期要加强通风,设法将温度降下来,最好降到5℃以下。

(三)通风库贮藏

随着马铃薯产业化经营的发展,各地建立起不少贮藏库,从而进一步使马铃薯的贮藏更加安全可靠。这样,收获的马铃薯只要稍晾一下即可入库,没有必要晾凉1周。库中病菌也少,事先已用福尔马林液熏蒸消毒。马铃薯装筐码垛要做好,堆高1~2m,宽2m,薯堆应每隔2~3m放一个垂直通风窗。

通风库贮藏过程中处理也很科学,为了更好地防止薯块发芽,延长贮藏期,块茎入库2个月后要进行药剂处理。用98%萘乙酸甲酯150g,溶于300g丙酮或酒精中,再拌入10~12.5g细土,均匀撒在薯块上,可处理5000kg的马铃薯,使用萘乙酸乙酯也可以。撒好药土后封盖一层纸或麻布,使药物在比较密闭的环境中逐渐挥发,抑制发芽。作为抑制发芽的办法,还可以在收获前15天用0.25%的青鲜素水溶液进行田间喷雾。也可以在块茎收获后用钴60伽马射线(0.8万~1.5万伦琴)照射,均可延长贮藏时间。

## 二、贮藏期间的化学处理方法

马铃薯自然度过休眠期后,就具备了发芽条件,特别是温度在5℃以上就可以发芽,而且在超过5℃的条件下,长时间贮藏更有利于其度过休眠期。然而,加工用薯的贮藏,又需要7℃以上的窖温,因此,搞不好就会有大量块茎发芽,影响块茎品质,降低使用价值。国外油炸马铃薯加工业兴起较早,在原料贮藏上创造了很多经验。为了解高温贮藏和块茎发芽的矛盾,他们很早就应用了马铃薯抑芽剂,效果十分理想,现介绍如下。

(一)抑芽剂的剂型

马铃薯抑芽剂的剂型有2种:一种是粉剂为淡黄色粉末,无味,含有效成分0.7%或2.5%,另一种是气雾剂,为半透明稍黏的液体,稍微加热后即挥发为气雾,含有效成分49.65%。

(二)使用时间

在块茎解除休眠期之前,即将进入萌芽时是施药的最佳时间。同时,还要根据贮藏的温度条件具体安排。比如窖温一直保持在2℃~3℃就可以强制块茎休眠,在这种情况下,可在窖温随外界气温上升到6℃之前施药。如果窖温一直保持住7℃左右,可在块茎入窖后1~2个月的时间内施药。一般来说,从块茎伤口愈合后(收获后2~3个周)到萌芽之前的任何时候,都可以施用,均能收到抑芽的效果。

(三)施药剂量

比如用0.7%的粉剂,药粉和块茎的重量比是(1.4~1.5):1000,即用1.4~1.5kg药粉可以处理1000kg块茎。若用2.5%的粉剂,药粉和块茎的重量比是(0.4~0.8):1 000,即用0.4~0.8kg药粉可以处理1000kg块茎。用气雾剂,以有效成分计算,浓度以3/100000为最好。按药液计算,每1000kg块茎用药液60ml。还可以根据计划贮藏时间,适当调整使用浓度。贮藏3个月以内(从施药时算起)的,可用2/100000的浓度;贮藏半年以上的,可用4/100000的浓度。

(四)施药方法

1.粉剂

根据处理块茎数量的多少,采取不同的方法。如果处理数量在100kg以下,可把药粉直接均匀地撒于装在筐、篓、箱或堆在地上的块茎上面。若数量大,可以分层撒施。有通风管道的窖,可将药粉随鼓入的风吹进薯堆里边,并在堆上面再撒一些。用手撒或喷粉器将药粉喷入堆内也可以。药粉有效成分挥发成气体,便可起到抑芽作用。无论哪种方法,撒上药粉后要密封24~48小时。处理薯块,数量少的,可用麻袋、塑料布等覆盖;数量大的要密闭窖门、屋门和通气孔。

2.气雾剂施法

气雾剂目前只适用于贮藏10吨以上并有通风道的窖内。用1台热力气雾发生器(用小汽油机带动),将计算好数量的抑芽剂药液装入气雾发生器中,开动机器加热产生气雾,使之随通风街道吹入薯堆。药液全部用完后,关闭窖门和通风口,密闭24~48小时。

★复习思考题★

1.马铃薯贮藏寿命取决于哪些因素。
2.贮藏期间马铃薯薯块的生理变化有哪些?
3.食用鲜薯的贮藏要求是什么?
4.抑芽剂的使用时间在什么时候?

# 第八章　马铃薯粗加工技术

● 学习任务指导 ●
1.重点掌握马铃薯的加工产品以及食品加工技术。
2.马铃薯粗加工技术。

根据马铃薯制品的工艺特点和使用目的，基本上可把其分为4大类。

第一类是干制马铃薯食品，即能长期贮藏（至少1年）的制品，如干马铃薯泥、干马铃薯、干马铃薯半成品等；

第二类是冷冻马铃薯食品，其贮藏时间较长（一般为3个月），如马铃薯丸子、炸马铃薯饼、冷冻马铃薯配菜等；

第三类是油炸酥脆马铃薯食品，贮藏时间较短（不超过3小月）如油炸马铃薯、酥脆马铃薯、酥脆马铃薯饼干等；

第四类是强化马铃薯制品，在马铃薯泥、马铃薯片制品中添加维生素A、维生素B、维生素C、维生素E及钙质等。

## 一、干马铃薯泥

干马铃薯泥是以去皮、煮熟的马铃薯为原料，在各种结构的容器内烘干成粒状或鳞片状的干马铃薯粉。食用时，将其掺和3~4倍的热开水（或水和奶的混合物），经过0.5~1min，就可制成可吃的马铃薯泥。此外，干马铃薯泥也被应用到许多浓缩食品中。

（一）干马铃薯泥加工工艺流程

包含清洗、去皮、切片、预煮、冷却、蒸煮、磨碎、加食品添加剂、干燥、粉碎、包装等过程。

（二）操作要点

1.原料选择。严格去除发芽、发绿的马铃薯以及腐烂、病变的薯块。如有发芽或变绿的情况，必须将发芽或变绿的部分削掉，或者完全剔除才能使用，以保证马铃薯制品的茄碱苷含量不超过0.02%，否则将危及人身安全。

2. 清洗。将马铃薯倒入水池中，搅拌、淘尽泥沙及表面污物。若流水作业一般先将原料倒入进料口，在输送带上拣去烂薯、石子、沙粒等，清理后，通过流送槽或提升机送入洗涤机中清洗。清洗通常是在滚筒式洗涤机中进行擦洗，可以连续操作。

3. 去皮。去皮的方法有手工去皮、机械去皮、蒸汽去皮和化学去皮等。手工去皮一般是用不锈钢刀去皮，效率很低。机械去皮是利用涂有金刚砂、表面粗糙的转筒或滚轴，借摩擦的作用擦去皮。常用的设备是擦皮机，可以批量或连续生产。碱液去皮是将马铃薯放在一定浓度和温度的强碱溶液中处理一定时间，软化和松弛马铃薯的表皮和芽眼，然后用高压冷水喷射冷却和去皮。蒸汽去皮是将马铃薯在蒸汽中进行短处理，使马铃薯的外皮生出水泡，然后用流水冲去外皮。蒸汽去皮能均匀地作用于整个马铃薯表面。

4. 切片

一般把马铃薯切成1.5mm厚的薄片，以使其在预煮和冷却期间能得到更均匀的热处理。切片薄一点虽然可以除去糖分，但会使成品风味受到损害，固体损耗也会增加。

5. 预煮

预煮的目的，不仅可以用来破坏马铃薯中的酶，防止块茎变黑，还可以得到不发黏的马铃薯泥。马铃薯片预煮应在水温高到足以使淀粉在马铃薯细胞内形成凝胶的温度加热，低于此温度细胞间的连接会软化。薯片一般在71℃~74℃的水中加热20min，预煮后的淀粉必须糊化彻底，这样冷却期间淀粉才会老化回生，减少薯片复水后的黏性。

6. 冷却

用冷水清洗蒸煮过的马铃薯，把游离的淀粉除去，避免其在脱水期间发生黏胶或烤焦，使制得的马铃薯泥黏度降到适宜的程度。

7. 蒸煮

将预煮冷却处理过的马铃薯片在常压下用蒸汽煮30分钟，使其蒸煮充分及糊化。

8. 磨碎

马铃薯在蒸煮后立即磨碎，以便很快与添加剂混合，并避免细胞破裂。使用的机械一般是螺旋形粉碎机或带圆孔的盘碎机。

9.加食品添加剂

在干燥前把添加剂注入马铃薯泥中,以便改良其组织,并延长其货架寿命。一般使用的添加剂有两种。一种是亚硫酸氢钠的稀溶液,可当作二氧化硫的来源来防止马铃薯的非酶褐变。通常使用二氧化硫的量为200%~400%。另一种是将甘油酸酯喷淋到干燥的薯片上。一般在加入前将马铃薯冷却到(65±5)℃并在此温度下保存。另外,添加抗氧化剂,可延长马铃薯泥的保藏寿命。

10.干燥

马铃薯泥的干燥可在单滚筒干燥机或在配有4~6个滚筒的单鼓式干燥机中进行。干燥后,可以得到最大密度的干燥马铃薯片,其含水量在8%以下。

11.粉碎

干燥后的干燥薯片可用锤式粉碎机粉碎成鳞片状,它是一种具有合适组织和堆积密度的产品。

## 二、脱水马铃薯泥

马铃薯细粒是脱水的单细胞或者是马铃薯细胞的聚合体,含水量约7%。它可根据需要和爱好重新制成与热水混合的马铃薯泥或湿的含牛奶的制品。

(一)粒状马铃薯泥加工工艺

加工马铃薯泥的方法很多,普遍使用的是回填式加工法。此法是在蒸煮的马铃薯中回填足够量的、预先干燥的马铃薯粒,使其部分干燥成为"潮湿的混合物",经过一定的保温时间便可磨成细粉。生产脱水马铃薯粒要尽量使细胞的破碎最少,成粒性良好。如果破碎释放出的游离淀粉多,产品就会发黏或呈面糊状。

(二)操作要点

1.原料处理

将马铃薯洗涤干净,由去皮机去皮,通过人工检查和修整,然后切成厚度为1.6~1.9cm的薯片,这样可保证薯片在蒸煮时的均匀一致。

2.蒸煮

采用一条输送带,将15~20cm厚的马铃薯层从正常大气压蒸汽中通过,起到蒸煮作用。蒸煮时间的长短根据原料品种和码放的厚度而定,一般需30~40分钟。

### 3. 捣碎混合

将蒸煮过的马铃薯捣碎,与回填的马铃薯细粒进行混合,使之均匀一致。操作时要注意避免马铃薯细胞粒破碎。达到成粒性好的要求是成品中大部分是单细胞颗粒。作为回填物应含有一定量的单细胞颗粒,以保证产品吸收更多的水分。通过捣碎与回填,并采用保温静置的方法,可以明显地改进湿混合物的成粒性,并使混合物的水分含量由45%降低到35%。试验证明,使混合物在5℃~8℃时静置可产生20%的小于70目的产品。而在3.9℃下静置能产生62%的同样大小的产品。

### 4. 干燥

产品干燥时用空气流推动,这样可以避免结块。空气干燥器由一个向上流动的热空气向上吹送,使之在上升过程中和在顶端的反向锥体扩散器中干燥。产品颗粒一直在垂直提升管道中保持悬浮,直到本身的质量轻到可以被吹出扩散器而进入收集箱为止。

### 5. 贮藏

将产品包装后入库贮藏。马铃薯细粒在贮藏时有两种变质情况:一种是非酶褐变;一种是氧化变质。非酶褐变与产品的含水量及贮藏温度关系密切,贮藏温度每增加7℃~8℃,褐变速率可根据含水量增加5~7倍。因此降低产品贮藏温度和马铃薯细粒的含水量都有助于抑制非酶褐变。此外,马铃薯块茎中还原糖的含量对非酶褐变有显著的影响,还原糖含量少于1%的马铃薯块茎是制造马铃薯颗粒最好的原料。马铃薯块茎的贮藏一般采用3℃~5℃低温贮藏,在这样的低温条件下,会使其还原糖增加,因此在加工前将鲜马铃薯置于21℃中1~2周,以减少其还原糖含量。

## 三、油炸马铃薯片

油炸马铃薯片以其松脆酥香、鲜美可口、营养丰富、老少皆宜、存携方便、价格低廉等特点而成为一种极受欧美人民欢迎的方便食品,随时随地均可买到。自从它于100年前在美国问世以来,其生产量与消费量与日俱增,速度惊人。至今,亚洲、大洋洲的许多国家的人民也早已接受了这种方便食品,就其普及程度而言,可以说油炸马铃薯片已成为一种备受欢迎的全球性方便食品。

与中国传统的一些马铃薯片加工方法如炒或煮相比,"炸制"可以较有效地防止马铃薯片中水溶性营养成分在加工中的损失,而能较好地保留新鲜马铃薯片的营养成分。另外,在生产炸制马铃薯片的过程中,一些营养成分还可在炸制和调味工序中不断被加入,成为强化马铃薯制品。强化后的马铃薯制品中,维生素、钙质等的含量成倍增加。所以说,炸马铃薯片的营养价值比新鲜马铃薯更高。

(一)油炸马铃薯片加工工艺

包含清理与洗涤、去皮、切片、漂洗、护色、热烫、干制、油炸、调味、冷却、包装、入库等过程。

(二)操作要求

1.原料选择

要获得品质优良的油炸马铃薯片,减少原料的耗用量,降低成本,就必须根据工艺指标来选择符合要求的马铃薯。马铃薯应块茎形状整齐,大小均一,表皮薄,芽眼浅而少,淀粉和总固形物含量高,还原糖含量低。还原糖含量应在0.5%以下,如果还原糖含量过高,油炸时易褐变。另外,油炸马铃薯的原料,需选用相对密度大的马铃薯,这样的原料可提高产量和降低吸油量。实验表明,相对密度每增加0.005,油炸马铃薯片产量就增加1%。

不少国家相继研制出油炸马铃薯片加工厂使用的专用密度计,价格便宜、准确,适合连续操作。马铃薯的相对密度随品种不同差异很大,如果品种相同,而栽培方法和环境条件不同,相对密度也会发生很大差异。马铃薯的相对密度主要受下列因素影响:品种、土壤结构及其矿物质营养状况、土壤水分含量、栽培方法、杀菌控制、喷洒农药、打枝、生长期的气温及成熟程度等。一般选用的薯块的相对密度在1.06~1.08之间,干物质含量以14%~15%为较好。

2.清理与洗涤

首先将马铃薯倒入进料口,在输送带上拣去烂薯、石子、沙粒等。清理后,提升机斗送入洗涤机中洗净表面泥土污物后,再送入去皮机中去皮。

3.去皮

采用碱液去皮法或用红外线辐射去皮,效果较好。摩擦去皮组织损失较大,而蒸汽去皮又常会产生严重的热损失,影响最终的产品质量。去皮损耗一般在1%~4%。要求除尽外皮,保持去皮后薯块外表光洁,防止去皮过度。经去皮的块茎还要水洗,然后送到输送机上进行挑选,挑去未剥掉皮的及碰伤、带黑点和腐烂的不合格薯块。

4.切片与漂洗

手工刀切薄厚不均,可用木工刨子刨片。若用切片机械,大多采用旋转刀片。切片厚度要根据块茎品种、饱满程度、含糖量、油炸温度或蒸煮时间来定。切好的薯片进入旋转的滚筒中,用高压水喷洗,洗净切片表面的淀粉。洗好的薯片放入护色液中护色。漂洗的水中含有马铃薯淀粉,可以收集起来制取马铃薯淀粉。

5. 护色

马铃薯切片后若暴露在空气中会发生褐变现象,影响半成品的色泽,油炸后颜色也深,影响外观。因此,有必要进行护色漂白处理。发生褐变的原因是多方面的,如还原糖与氨基酸作用产生黑蛋白素、维生素C氧化变色、单宁氧化褐变等。

除了以上所述化学成分的影响外,马铃薯的品种、成熟度、贮藏温度以及其它因素引起的化学变化都能反映到马铃薯的色泽上。另外,油温、切片厚度以及油炸时间的长短也都对马铃薯片的颜色起作用。

6. 热烫

热烫可以部分破坏马铃薯中酶的活性,同时脱除其水分,使其易于干制,还可杀死部分微生物,排除组织中空气。热烫的方法有热水处理和蒸汽处理两种。烫的温度和时间,一般是在80℃~100℃下烫1~2分钟,烫至薯肉半生不熟、组织比较透明,降低生马铃薯的硬度但又不像煮熟后那样柔软即可。

7. 干制

干制分人工干制和自然干制(晒干)两种。自然干制是将热烫好的马铃薯片放置在晒场,于日光下暴晒,待七成干时,翻一次,然后晒干。人工干制可在干燥机中进行,应使其干燥均匀,当制品含水量低于7%时,即结束干制。该半成品也可作为脱水马铃薯片包装后出售,可制成风味独特的烘烤马铃薯片。近年来,烘烤马铃薯片在西方的销售势头越来越好,因为其油脂含量大大低于油炸马铃薯片,受到人们的青睐。

8. 油炸

马铃薯片的油炸,可以采用连续式生产和间歇式生产。若产量较大,多采用连续式深层油炸设备。该设备的特点是:物料全部浸没在油中,连续进行油炸。油的加热是在油炸锅外进行的,具有液压装置,能把整个输送器框架及其附属零件从油槽中升起或下降,维修十分方便。

9. 调味

对炸好的马铃薯片应进行适当的调味。当马铃薯片用网状输送机从油炸锅内提升上来时,装在输送机上方的调料斗应撒上适量的盐与马铃薯片混合,添加量为1.5%~2%。根据产品的需要还可添加些味精,或将其调成辛辣、奶酪等风味。另外,马铃薯片在油炸前用生马铃薯的水解蛋白溶液浸泡下,亦可改变风味。

10.冷却、包装

马铃薯片经油炸、调味后,经皮带输送机送入冷却、过磅、包装程序。包装材料可根据保存时间来选择,可采用涂蜡玻璃纸、金属复合塑料薄膜等进行包装,亦可采用充氮包装。

若生产冷冻油炸马铃薯片,应立即除去从油炸锅中取出的薯片上的过量的油脂,其方法是使产品在一个振动筛上通过,同时通以高速热空气流,然后用带式循环传送带将它们送入冷冻隧道进行冷冻。在-45℃下只需12分钟即可完成冷冻,冷冻后进行包装,储存在-17℃或更低温度下,可贮藏1年。

★复习思考题★

1.根据马铃薯制品的工艺特点和使用目的,可把马铃薯粗加工技术分为哪4大类?

2.如何制作干马铃薯泥?

3.什么是脱水马铃薯泥?

# 第九章　旱作区马铃薯生产配套农机具简介

## 一、马铃薯种植机

2CMF-1型马铃薯分层施肥播种机适用于川区或山区坡度不大的小块田地作业，配套动力7.7-11KW的手扶拖拉机，同时完成马铃薯播种、施肥、覆土。

表4-2　主要技术参数

| 项目名称 | 单位 | 规　格 |
| --- | --- | --- |
| 型号 | / | 2CMF-1 |
| 挂接方式 | / | 销轴挂接 |
| 配套动力 | kW | 7.4～11kW 手扶拖拉机 |
| 外形尺寸(长×宽×高) | mm | 1110×565×900 |
| 整机质量 | kg | 63 |
| 播种行数 | 行 | 1 |
| 作业效率 | hm²/h | 0.06 |
| 株距 | cm | 30 |
| 传动型式 | / | 地轮传动 |
| 开沟器型式 | / | 铲式 |
| 排种器型式 | / | 提升杯 |
| 播种深度 | cm | 10～15可调 |
| 运输间隙 | mm | 90 |

## 二、马铃薯中耕机

3ZGS-2型马铃薯中耕施肥机适用于川区或山区坡度不大的小块田地作业，配套动力7.7-11KW的手扶拖拉机，同时完成施肥、培土。

表4-3 主要技术参数

| 项目名称 | 单位 | 规格 |
| --- | --- | --- |
| 型号 | / | 3ZGS-2 |
| 挂接方式 | / | 销轴挂接 |
| 配套动力 | kW | 7.4~11kW微耕机或手扶拖拉机 |
| 外形尺寸(长×宽×高) | mm | 880×750×730 |
| 整机质量 | kg | 57 |
| 作业效率 | $hm^2/h$ | 0.06 |
| 中耕铲数量 | 个 | 2 |
| 中耕铲型式 | / | 锄铲式 |
| 铲间距 | mm | 520-620(可调) |
| 排肥器型式 | / | 槽轮式 |
| 排肥器传动型式 | / | 链条传动 |
| 作业幅宽 | mm | 520-620(可调) |
| 运输间隙 | mm | 90 |

图4-50 马铃薯种植机　　图4-51 马铃薯中耕机

## 三、马铃薯挖掘机

4U-400型马铃薯挖掘机适用于川区或山区坡度不大的小块田地作业，结构简单紧凑，操作方便，效率高，配套动力7.7-11KW手扶拖拉机。

表4-4 主要技术参数

| 项目名称 | 单位 | 规格 |
| --- | --- | --- |
| 型号 | / | 4U-400 |
| 结构形式 | / | 振动筛式 |
| 配套动力 | kW | 7.4~11kW手扶拖拉机 |
| 主机外形尺寸(长×宽×高) | mm | 860×630×860 |
| 整机质量 | kg | 52 |

## 模块四：马铃薯栽培技术

续表

| 项目名称 | 单位 | 规　　格 |
|---|---|---|
| 作业幅宽 | cm<br>mm | 60<br>400 |
| 挖掘行数 | 行 | 1 |
| 挖掘深度 | mm | ≤200 |
| 作业效率 | hm$^2$/h | 0.06 |
| 挖净率 | / | ≥95% |

图4-52　马铃薯挖掘机

# 主要参考文献

[1]甘肃省农业技术推广总站.玉米全膜双垄沟播技术实用手册[M].兰州:甘肃科学技术出版社,2010.

[2]李福.全膜双垄沟播技术[M].兰州:甘肃科学技术出版社,2011.

[3]李福,李城德等.农技推广实践与创新[M].兰州:甘肃科学技术出版社,2011.

[4]庄俊康.黄土地上的变革—新阶段甘肃农业发展之路[M].兰州:甘肃科学技术出版社,2013.

[5]李城德.甘肃主要农作物新优品种[M].兰州:甘肃科学技术出版社,2009.

[6]李福,朱永永,周德录等.全膜覆土穴播技术实用手册[M].兰州:甘肃科学技术出版社,2011.

[7]李城德,蒋春明,李锦龙等.种子质量安全知识问答[M].北京:中国计量出版社,2011.

[8]农业部小麦专家指导组.全国小麦高产创建技术读本[M].北京:中国农业出版社,2012.

[9]李少昆,杨祁峰等.北方旱作玉米田间种植手册[M].北京:中国农业出版社,2011.

[7]李贵喜,干志峰等.甘肃陇东冬小麦生产栽培技术[M].兰州:甘肃科学技术出版社,2012.

[11]于振文.作物栽培学各伦[M].北京:中国农业出版社:2003.

[12]尚勋武,杨祁峰,刘广才,朱永永.甘肃发展旱作农业的思路和技术体系[J].干旱地区农业研究,2007,7:194-199

[13]张雷,牛建彪,赵凡.旱作玉米提高降水利用率的覆膜模式研究[J].干旱地区农业研究,2006,24(2):8-11,17.

## 主要参考文献

[14]丁世成,刘世海,张雷.旱地马铃落双垄面集雨全膜扭盖栽培技术要点[J].中国马铃薯,2006,20(3):178-179.

[15]钱翠兰.旱作玉米双垄全膜覆盖沟播一膜两年用免耕栽培技术[J].甘肃农业科技,2007,4:33-34.

[16]赵凡.旱地玉米全膜覆盖双垄面集雨沟播栽培技术[J].甘肃农业科技.2004,11:22-23.

[17]张成荣,牛建彪,张 雷.旱地玉米双垄全膜覆盖集雨沟播补灌试验初报[J].甘肃农业科技,2006,(6):27-28.

[18]王勇.旱地玉米秋覆膜春播增产机理研究[J].甘肃农业科技,2001,12:19-21.

[19]张雷,牛建彪,赵凡.旱作玉米双垄面集雨全地面覆膜沟播抗旱增产技术研究[J].甘肃科技,2004,20(11):174-175.